湖南省水旱灾害

◎魏永强 等 / 著

长江出版社
CHANGJIANG PRESS

《湖南省水旱灾害》
编审组

审　　定　　罗毅君

审　　查　　杨诗君　黎军锋

审　　核　　刘志强　伍佑伦　卢晓明　吕石生　常世名　李永刚

　　　　　　盛　东　刘燕龙　易知之　胡　可　欧明武

主　　编　　魏永强　申志高　周　翀　赵伟明

参编人员　　吕　倩　李如意　刘燕龙　仇建新　谭　军　李　平

　　　　　　王　舟　汪　敏　杨　扬　胡颖冰　田　昊　赵志尧

　　　　　　李　元　尹　卓　潘洋洋　周　煌　彭丽娟　张梦杰

2011年6月9日，临湘市暴发山洪

2013年6月6日，桑植县谷罗山暴发山洪

2013年6月6日，桑植县芭茅溪乡农田受淹

2013年8月16日，道县南门口受淹

2013年8月16日，蓝山县发生暴雨山洪

2013年8月16日，蓝山县紧急救援县城受山洪围困群众

2013年8月16日，宁远县冷水镇冷水河洪水暴涨

2016年5月5日，道县濂溪街道办事处受淹

2016年5月22日，临武县民兵紧急转移被洪水围困群众

2016年6月15日，湘江支流涓水发生超历史水位洪水

2016年7月4日，麻阳县高村镇马南社区受淹

2016年7月4日，溆浦县城受淹

2016年7月8日，岳阳市巴陵广场码头受淹

2017年6月，湘西州泸溪县转移被困群众

2017年，华容县新华坑溃口

2011年,常德市石门县因旱干裂的土地

2019年,张家界市慈利县大溪湾小(2)型水库干涸

2022年9月21日,衡阳市祁东县黄狮江因旱断流

湖南，因大部分区域处于洞庭湖以南而得名"湖南"，因省内最大河流湘江流贯全境而简称"湘"。芙蓉国里，锦绣潇湘，在湖南21.18万km^2的土地上，5km以上河流有5341条，水库有1.3万多座，湖南作为水利大省，最大的省情就是水情。特殊的地理位置和复杂的气候条件，决定着湖南省水旱灾害频发多发。

党的十八大以来，党和国家将生态文明建设纳入"五位一体"总体布局，习近平总书记站在党和国家事业发展全局的战略高度，提出"节水优先、空间均衡、系统治理、两手发力"的新时代治水思路，深刻回答了我国水治理中的重大理论和现实问题，为我们做好水旱灾害防御工作提供了科学指南和根本遵循。

水患是湖南最大的忧患，根治水患是湖南全局性重大任务。湖南全省上下深入践行"两个坚持、三个转变"防灾减灾救灾新理念，锚定防汛"四不目标"，强化防汛"四预"措施，坚持人民至上、生命至上，闻令而行、闻"汛"而动，成功应对2013年夏秋连旱、2014年沅江及2016年资水大洪水、2017年湘资沅水组合大洪水、2019年湘江大水、2020年洞庭湖大洪水，打赢了一场又一场硬仗。

2022年，湖南发生了自1961年有完整气象记录以来最严重的气象水文干旱，形成了"夏秋冬连旱"。湖南省委、省政府成立防旱抗旱工作专班，全省水利部门精准预判、精准调度，充分发挥水利工程抗大旱作用。全省7.3万处各类灌区，保灌面积达4212万亩（1亩＝0.067hm^2），灌区农田总体旱情发生率控制在1.5%以内，且均通过有效措施得以缓解，实现"大旱之年无大灾"。

《湖南省水旱灾害》一书从湖南省的地形特点、河流水系、气候特征、雨情、水情、灾情以及相应的防治对策等方面进行统计综述与分析。全书主要依据1949年以来湖南省水旱灾害有关资料，综述湖南省水旱灾害的特点和主要灾害过程，进一步针对山丘区和洞庭湖区的水旱灾害治理进行分析和对策研究。以期记录下湖湘人民在千百年与水旱灾害博弈过程中的宝贵经验和历史数据,予后人以借鉴。

　　本书在编写过程中,参阅了许多公开出版的书籍、公报及防汛抗旱总结,并已将参考文献列于本书正文之后。同时,本书得到了湖南省水利厅、湖南省水旱灾害防御事务中心、湖南省洞庭湖水利事务中心、湖南省水文水资源勘测中心、湖南省气候中心等单位的大力支持及多位专家、学者、领导提出的宝贵修改意见,在此,一并表示真诚的感谢。

　　《湖南省水旱灾害》一书涉及的时空范围甚广,基础数据信息量大、加之编者水平有限,书中疏漏和不足之处在所难免,敬请广大读者和同行专家批评指正。

作　　者

2023 年 6 月于长沙

目 录

第 1 章 概 述

1.1 基本情况

1.1.1 地理位置与行政区划变迁

湖南省位于我国中部,地处长江中游以南,南岭以北。东邻江西,西接川黔,南连两广,北毗湖北,立足东部沿海地区和中西部地区的过渡带、长江开放经济带和沿海开放经济带的结合部,因大部分区域处于洞庭湖以南而得名"湖南",因省内最大河流湘江流贯全境而简称"湘",湖南自古盛植木芙蓉,五代时就有"秋风万里芙蓉国"之说,因此又有"芙蓉国"之称。湖南省省会长沙市,地处东经 108°47′～114°15′,北纬 24°38′～30°08′,东西直线距离最宽为 667km,南北直线距离最长为 774km,最东端是桂东县黄连坪,最西端是新晃侗族自治县韭菜塘,最南端是江华瑶族自治县姑婆山,最北端是石门县壶瓶山。全省国土总面积 21.18 万 km^2,占全国国土面积的 2.2%,居全国各省(自治区、直辖市)第 10 位、中部第 1 位。

湖南现在的区域经过多次演变而成。春秋战国属楚。秦(公元前 221—公元前 206 年)置有黔中、长沙两郡。西汉(公元前 206—公元 25 年)属荆州,辖武陵郡、桂阳郡、零陵郡和长沙国。东汉时期(公元 25—220 年),王莽乱政时所改郡县名全部被恢复为原名。三国时期(公元 220—265 年)属荆州,分 10 郡。西晋时期(公元 265—317 年)改设 9 郡。东晋时期(公元 317—420 年)分属荆州、湘州、江州。南北朝时期(公元 420—589 年),州、郡几经变动。隋(公元 581—618 年)统一全国后,实行裁州并县政策,改州、郡、县 3 级制为郡、县 2 级制,湖南境内分 8 郡。唐(公元 618—907 年)复改郡为州。宋(公元 960—1279 年)分属荆湖南路和荆湖北路。元(公元 1271—1368 年)建立省制,属湖广行省。明(公元 1368—1644 年)属湖广布政使司。

清康熙三年(公元 1664 年)置湖南布政使司,始称湖南省。中华民国元年(公元 1912 年)起,湖南废除府、厅、州,保留道、县两级,并改变部分县名。民国二十九年(公元 1940 年),湖南划分为 10 个行政督察区,各区辖 6～10 县不等。截至 1949 年 7 月,湖南共设 10 个行政区,2 个市,77 个县。

1949 年 8 月 5 日,湖南和平解放;8 月 19 日成立军事管制委员会;8 月 29 日建立人民政权。随后建立 10 个专员公署:长沙、衡阳、郴县、常德、益阳、邵阳、零陵、永顺、沅陵、会同,分管 77 个县。

1950 年 1 月,成立湘西行政公署,辖沅陵、会同、永顺 3 个公署。到 1977 年底,全省共设 10 个地区(行政公署)、1 个自治州、1 个特区、3 个地级市、7 个县级市、86 个县、4 个自治县、13 个市辖区。

改革开放以后至 1989 年,全省辖 8 个地级市、5 个地区、1 个自治州、17 个县级市、71 个县、7 个自治县、30 个市辖区,621 个镇、2807 个乡(含 79 个民族乡)。

截至 2020 年 12 月 31 日,全省辖 13 个地级市、1 个自治州,共 14 个地级行政区划;68 个县(其中 7 个自治县)、18 个县级市、36 个市辖区,共 122 个县级行政区划;415 个街道、1133 个镇、309 个乡、83 个民族乡,共 1940 个乡级行政区划。湖南省行政区划见图 1.1-1。

图 1.1-1 湖南省行政区划

1.1.2 河流水系

湖南省内河流众多,河网密布,水系发达,淡水面积达 13500km²,湘北有全国第二大淡水湖洞庭湖。湖南省境内的湘江是长江七大支流之一,全省天然水资源总量为南方 9 省之冠。湖南省全省水系以洞庭湖为中心,湘江、资水、沅江和澧水四水为骨架,主要属长江流域洞庭湖水系。洞庭湖水系流域总面积为 262823km²,约占长江流域总面积的 14.6%。其中在湖南境内 204843km²,约占全省总面积的 96.7%,境内其余面积属珠江水系和鄱阳湖水系或长江干流,为 6986km²,约占全省总面积的 3.3%。

湖南省内主要河流多源于东、南、西边境的山地。湘、资两大水系由南向北流入洞庭湖,沅江自西南向东北,澧水自西向东,新墙河和汨罗江自东向西分别注入洞庭湖。而长江向洞庭湖分流的三口(松滋口、太平口、藕池口)经松滋河、虎渡河、藕池河自北向南泄入洞庭湖。洞庭湖接纳四水、三口及新墙河、汨罗江来水,于岳阳城陵矶汇入长江,形成以洞庭湖为中心的辐射状水系。

湖南省水资源较为丰富,全省河长 5km 以上的河流有 5341 条,其中湘江流域 2157 条,占全省总数的 40.4%;资水流域 771 条,占全省总数的 14.4%;沅江流域 1491 条,占全省总数的 27.9%;澧水流域 326 条,占全省总数的 6.1%;洞庭湖区 432 条,占全省总数的 8.1%;其他水系 164 条,占全省总数的 3.1%。湖南省全省流域面积 50km² 以上的河流 1301 条,其中流域面积为 50~200km² 的河流 994 条;200~3000km² 的河流 278 条;3000km² 及以上的河流 29 条,其中流域面积 10000km² 及以上河流 9 条,总长度为 3957km,包括湘、资、沅、澧四水干流及湘江支流潇水、耒水、洣水,沅江支流潕水、酉水。湖南省河流水系见图 1.1-2。湖南省全省多年平均降水量为 1450mm;多年平均水资源总量为 1689 亿 m³,其中地表水资源量为 1682 亿 m³,地下水资源量为 391.5 亿 m³(地下水非重复量为 7 亿 m³)。水资源总量为全国第 6 位,人均水资源占有量为 2500m³,略高于全国平均水平,具有一定的水资源优势。

(1)湘江

湘江又称湘水,属长江流域洞庭湖水系,是湖南省流域面积最大的河流,径流量在长江八大支流中仅次于岷江而居第 2 位。湘江流域介于东经 110°30′~114°01′,北纬 24°31′~29°01′,地处长江之南,南岭山地之北,东以幕阜山脉、罗霄山脉与赣江水系分界,西以衡山山脉与资水毗邻,北接洞庭湖。湘江分两源,西源白石河发源于广西壮族自治区兴安县白石乡白竹村,向东北流至全州县汇灌江及万乡河,入湖南省东安县境内,后东流经零陵区苹岛注入湘江;正源(上游为大桥河,下游为潇水)发源于永州市蓝山县紫良瑶族乡,蓝山国家森林公园的野狗岭南麓,经祁阳市纳祁水和白水,常宁市和衡南县纳春陵水,衡阳市汇蒸水及耒水,衡东县纳洣水,禄口区纳渌水,湘潭县和雨湖区纳涓水及涟水,开福区汇浏阳河与捞刀河,望城区纳沩水,至湘阴县鹤龙湖镇濠河村分东、西两尾闾入洞庭湖。湘江干流全长 948km，流域总面积 94721km²，在湖南省境内 85225km²，占流域总面积的 89.97％，河流平均坡降为 0.134‰。其中右岸汇入支流较多且多发源于湘南和湘东山区，具有明显的山溪性河流特征；左岸支流多发源于衡邵丘陵区，流域面积均不大，全流域水系呈不对称树枝状。

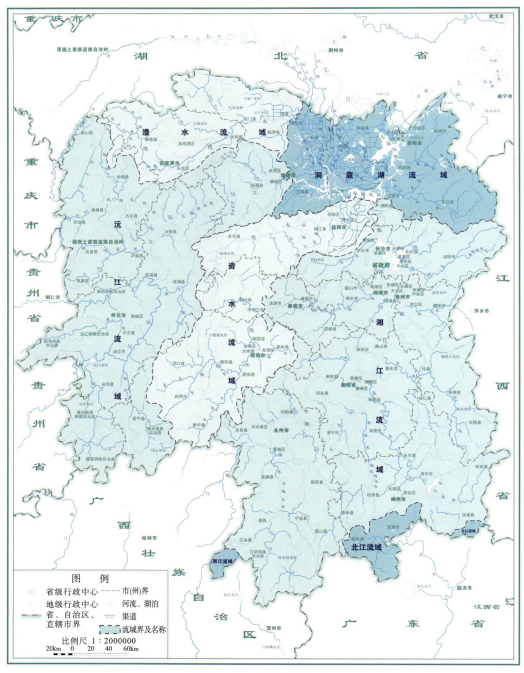

图 1.1-2　湖南省河流水系

　　湘江是洞庭湖水系中最大的河流,流域内的南岭山地和罗霄山脉,海拔一般在 1000m 以上,丘陵多在 500m 以下。湘江在永州市零陵以上为上游,上游干流流经山区,河谷较窄,支流短促,水流湍急;零陵至衡阳为中游,沿岸丘陵起伏盆地错落其间,以零陵盆地、祁阳盆地和衡阳盆地最大,中游最宽处约 1000m,最窄处约 250m,河床基本稳定;衡阳以下为下游,河宽 500～1000m,其中湘潭水文站以下为湘江入湖的尾闾段。

　　湘江流域内地层复杂,从震旦纪到第四纪岩层多有出露,上游石灰岩分布面积较广,中游和下游的盆地内以第三纪红色岩系分布较广。流域内水系发育,流域面积 10km² 及以上河流总数为 2368 条。其中,流域面积为 10～50km² 河流 1861 条,50～1000km² 河流 483 条,1000km² 及以上河流 24 条。湘江主要一级支流共 13 条,其中,流域面积 5000km² 以上的支流有 4 条。其中,右岸支流耒水、洣水流域面积为 10000km² 以上;左岸支流仅湘江西源(白石河)、涟水流域两条支流的流域面积在 5000km² 以上,其余多短小,水量也不及右岸支流丰富。湘江及其主要支流特征见表 1.1-1。

表 1.1-1　　　　　　　　　　　　湘江及其主要支流特征

河流名称		发源地点	河口地点	河长 (km)	流域面积 (km²)	平均比降 (‰)
湘江		湖南省永州市蓝山县紫良瑶族乡野狗岭南麓	湘阴县鹤龙湖镇濠河口村	948	94721	0.134
右岸支流	白水	桂阳县白水乡清溪村	祁阳市潘市镇八角岭村	109	1815	2.750
	春陵水	临武县西山瑶族乡塔山坪村	衡南县廖田镇河口村	313	6637	0.796
	耒水	桂东县黄洞乡青竹村	衡阳市珠晖区和平乡五四村	446	11776	0.896
	洣水	炎陵县下村乡田心村	衡东县霞流镇洣河村	297	10327	1.020
	渌水	江西省万载县黄茅镇大土村	渌口区渌口镇向阳社区	187	5659	0.588
	浏阳河	浏阳市大围山镇浏河源村	长沙市开福区新河街道新河路社区	224	4244	0.489
	捞刀河	浏阳市社港镇周洛村	长沙市开福区捞刀河镇金霞村	132	2540	0.703
左岸支流	湘江西源(白石河)	广西壮族自治区兴安县白石乡白竹村	永州市冷水滩区蔡市镇老埠头村	262	9208	0.647
	祁水	祁东县四明山乡白水源村	祁阳市浯溪镇塔边村	126	1683	1.210
	蒸水	邵东市双凤乡林场	衡阳市石鼓区潇湘街道石鼓社区	198	3482	0.619
	涓水	双峰县砂塘乡石峰村	湘潭县易俗河镇烟塘村	115	1770	0.531
	涟水	新邵县坪上镇梅寨村	湘潭市雨湖区长城乡犁头村	234	7173	0.425
	沩水	宁乡市龙田镇白花村	望城区高塘岭镇胜利村	134	2673	1.220

（2）资水

资水又称资江，处于湖南省中部，是洞庭湖水系的第三大支流。流域介于东经 110°13′～112°41′，北纬 25°49′～28°41′，西以雪峰山与沅江分界，南以越城岭与珠江流域为邻，东部一线低山丘陵与湘江分界，往北流入洞庭湖。资水分南源和西源，南源夫夷水发源于广西壮族自治区资源县越城岭，流域面积 4555km²，河长 249km，东北流向经新宁县纳新寨及冻江，入邵阳县纳双江，后南流汇入资水干流；西源赧水为正源，发源于邵阳市城步苗族自治县北青界山主峰黄马界西麓，流域面积 7103km²，比夫夷水流域面积大 55.94%，但河长比夫夷水短 24.5%，仅 188km，由西南向东北流经武冈市、洞口县境内纳蓼水及平溪河，入隆回县纳辰水，至邵阳县双江口汇南源夫夷水后始称为资水。资水干流流经邵阳市汇邵水、新邵县纳石马江，至新化县柘溪水库库区后沿途纳大洋江、油溪、渠江。烟溪以下资水折向东流，经安化桃江县汇洢水、沂溪，赫山区纳志溪河，于益阳市资阳区甘溪港分东、西两支注入洞庭湖。资水干流全长 661km，流域面积 28211km²，在湖南境内 26883km²，占流域总面积的 95.29%。资水河口为甘溪口。

资水流域轮廓为南北长、东西窄，地貌依次为高山峡谷、山间盆地、低山丘陵、冲积平原，地势为西南高、东北低，故自西南蜿蜒流向东北。流域内两侧山脉相距较近，呈峡带状，支流大多数河长较短且集雨面积较小，在安化县以上多为左岸支流汇入，安化县以下多为右岸支流汇入。正源赧水属高山峡谷区，水流窄浅，陡坡急降。武冈市附近进入山间盆地，地势平坦开阔，坡度平缓，从武冈市到邵阳市小庙头为资水上游，河长 233km，其中武冈市至双江口，两岸多为低矮山岭，有局部峡谷，多数河谷平缓，河宽 50～150m，河面由窄变宽，水流平缓或为浅滩急流。双江口至小庙头汇入夫夷水及邵水，河宽 200～300m，径流量变大。邵阳市小庙头到桃江县马迹塘为中游，河长 276km，河流穿雪峰山脉，两岸从高山陡立到峡谷地形，马迹塘以下为下游，河长 95km，河宽 250～400m，两岸地形低缓河谷开阔，河床多为沙洲、浅滩，益阳市以下均为洞庭湖冲积平原区，桃江（二）水文站以下为资水入湖的尾闾段，水能资源较为丰富。

资水流域 5km 以上的河流 771 条，流域面积大于 1000km² 的支流有 6 条。其中右岸支流南源夫夷水、邵水以及洢水流域面积在 1000km² 以上；左岸支流蓼水、平溪和大洋江流域 3 条支流的流域面积在 1000km² 以上。资水及其主要支流特征见表 1.1-2。

（3）沅江

沅江又称沅水，系长江第三大支流，是湖南省第二大河流。沅江流域介于东经 107°19′～111°42′，北纬 26°05′～30°00′，东以雪峰山脉与资水毗邻，西以梵净山、云雾山与乌江分界，南以雷公山与珠江流域分野，北隔武陵山脉与澧水为邻。沅江分南、北两源，南源马尾河（又名龙头江）为正源，发源于贵州省都匀市苗岭山脉斗篷山北麓中寨，东北流向至谷江转东南流，至都匀市折南流，流至凯里市境内后转东北流向，在黄平之上的岔河口与北侧麻江平越大山的北源重安江汇合后称清水江，其蜿蜒穿行、东纳西吸，至怀化市白毛寨銮山入湖南省境内，后东流 26km 经芷江侗族自治县至洪江市托口镇接纳渠水，转东北流向约 71km 至黔城镇汇滩水后始称沅江，再折向东南流向 23km 纳溆水，后经洪江区纳巫水，北流经溆浦县、辰溪县、泸溪县，先后纳溆水、辰水、武水，入五强溪水库库区后经沅陵县纳酉水、怡溪及洞庭溪，出库后入桃源县汇夷望溪和白洋河，在常德市德山注入洞庭湖。沅江干流全长 1053km，在湖南境内 568km，流域总面积 89833km²，在湖南境内 52225km²，占流域总面积的 58.13%。沅江河口为德山。

表 1.1-2　　　　　　　　　　　资水及其主要支流特征

河流名称		发源地点	河口地点	河长（km）	流域面积（km²）	平均比降（‰）
资水		湖南省邵阳市城步苗族自治县北青界山主峰黄马界西麓	益阳市资阳区甘溪港	661	28211	
右岸支流	夫夷水	广西壮族自治区资源县越城岭	邵阳县霞塘云乡双江口村	249	4555	0.807
	邵水	邵东市双凤乡大进村	双清区桥头街道中河街社区	106	2075	0.712
	油溪	冷水江市锡矿山街道来风村	新化县油溪乡续丰村	68	711	4.120
	洢水	安化县乐安镇祝丰村	安化县小淹镇敷溪社区	87	1117	1.840
	沂溪	安化县大福镇建和村	桃江县马迹塘镇新塘村	84	582	2.390
	志溪河	桃江县灰山港镇雪峰山村	赫山区会龙山街道伍家桥村	67	631	1.210
左岸支流	蓼水	绥宁县长铺子苗族乡	武冈市马坪乡龙局村	96	1142	2.360
	平溪	洪江市洗马乡稠树脚村	洞口县石江镇白玉村	97	2265	2.560
	辰水	隆回县金石桥镇	隆回县桃洪镇九龙村	86	850	2.210
	石马江	隆回县高平镇梅花山村	新邵县新田铺镇大禹村	85	839	1.670
	大洋江	隆回县小沙江镇文明村	新化县游家镇游家村	93	1290	5.270
	渠江	新化县奉家镇上白村	安化县渠江镇渠江社区	99	851	3.690

沅江流域处于云贵高原向江南丘陵过渡的山原地带，流经雪峰山和武陵山西南部的高山峻岭，轮廓南北长、东西窄，大体为自西南斜向东北的矩形。沅江从河源到黔城镇清水江为上游，多为幽深峡谷，属云贵高原地区，海拔 1000m 左右，黔城镇到沅陵县为中游，属丘陵地区，河流坡降较缓和，沅陵县以下为下游，多为丘陵和平地，无较大支流汇入，桃源县以下为冲积平原，亦是沅江入湖的尾闾段。沅江左岸支流较多，主要有溆水、辰水、武水和酉水等支流，其集雨面积比右岸多 1 倍有余，左右岸汇集形成不对称的羽毛状水系。沅江流域河流坡降大、险滩多，水能资源丰富。

沅江流域四周高原、山地环绕，河网发育，支流较多，在湖南省境内 5km 以上的河流1491 条，流域面积大于 5000km² 的支流有 4 条，其中，右岸支流中仅渠水流域面积在

5000km² 以上;左岸支流潕水和酉水流域面积在 10000km² 以上。沅江及其主要支流特征见表 1.1-3。

表 1.1-3　　　　　　　　　沅江及其主要支流特征

河流名称		发源地点	河口地点	河长(km)	流域面积(km²)	平均比降(‰)
沅江		贵州省都匀市苗岭山脉斗篷山北麓中寨	常德市武陵区德山	1053	89833	0.549
右岸支流	渠水	贵州省黎平县双江乡登界村	洪江市托口镇朗溪村	285	6774	0.867
	巫水	新宁县麻林瑶族乡黄沙村	洪江市桂花园乡川山村	244	4203	1.900
	溆水	溆浦县黄茅园镇分水村	溆浦县黄茅园镇分水村	148	3299	2.150
	怡溪	沅陵县杜家坪乡怡溪村	沅陵县陈家滩乡陈家滩村	90	879	2.460
	夷望溪	桃源县西安镇薛家冲村	桃源县兴隆街乡沙湾村	103	740	2.040
左岸支流	潕水	贵州省瓮安县岚关乡岚关村	洪江市黔城镇玉皇阁社区	446	10373	0.990
	辰水	贵州省江口县太平土家族苗乡梵净山自然保护区	辰溪县辰阳镇桐湾溪村	309	7535	1.160
	武水	花垣县雅酉镇坡脚村	泸溪县武溪镇城北社区	150	3691	1.950
	酉水	湖北省宣恩县椿木营乡长槽村	沅陵县太常乡立新村	484	19344	1.010
	洞庭溪	慈利县洞溪乡安里村	沅陵县清浪乡洞庭溪村	69	719	3.590
	白洋河	慈利县金坪乡渠溶村	桃源县车湖垸乡延泉村	106	1739	1.790

（4）澧水

澧水位于湖南省西北部,跨湘、鄂两省边界,为湖南省四水中最小的河流。澧水流域介于东经 109°31′～111°45′,北纬 29°30′～36°21′,北以武陵山脉八大公山、壶瓶山与湖北省清江相隔,南以武陵山脉南支与沅江分界,西起湘鄂界间崇山,东临洞庭湖尾闾。澧水分南、中、北 3 源,涉及湖北省,以中源为正源,澧水中源发源于桑植县龙山县大安乡翻身村青岩堡,流至桑植县两河口村纳澧水南源,后于桑植县赶塔村汇澧水北源,三源汇合为澧水干流往南流经桑植县、永定区,再折向东北流至慈利县纳溇水,经石门县汇渫水,临澧县至澧县纳道水、涔水,在津市小渡口镇汇入西洞庭湖,后流经安乡县、鼎城区和汉寿县 3 个市（县）与虎渡河汇合。澧水干流全长 407km,流域总面积 16959km²,在湖南省境内 13841km²,占流域总面积的 81.61％。

澧水流域地势为西北高、东南低,轮廓南北窄、东西长,干流及主要支流均自西北流向东南,且多数源于干流左岸山区,为梳状河系。澧水从河源到桑植县以上为上游,两岸高山峻岭,海拔 2000m 左右,河道坡降为 2.67‰,水流湍急。桑植县到石门县为中游,河道坡降为 0.754‰,属丘陵地区,大部分海拔在 500m 以上。石门县到小渡口镇为下游,为丘陵、平原地区地势平坦开阔,丘陵岗地零星分散,洞庭湖西部平原展布其间,流经九垸、新洲上垸、新洲下垸、沅澧垸、安保垸等堤垸,河道坡降为 0.204‰,石门水文站以下为尾闾。

澧水流域在湖南省境内 5km 以上的支流有 326 条,左岸主要支流包括澧水北源、溇水、溪水和涔水,集雨面积均为 1000km² 以上,其中溇水是湖南省洞庭湖水系单位面积水能资源最丰富的河流;右岸主要支流有道水、澧水南源。澧水及其主要支流特征详见表 1.1-4。

表 1.1-4　　　　　　　　　　　　　澧水及其主要支流特征

河流名称		发源地点	河口地点	河长(km)	流域面积(km²)	平均比降(‰)
澧水		桑植县龙山县大安乡翻身村青岩堡	津市小渡口镇	407.0	16959.0	
右岸支流	道水	慈利县苗市镇一都界村	澧县澧南镇邢市村	104.8	1362.6	0.75
	澧水南源	永顺县两岔乡茶溪村	桑植县两河口乡两河口村	74.0	556.0	3.72
左岸支流	澧水北源	桑植县八大公山自然保护区	桑植县打鼓泉乡赶塔村	79.0	1105.0	3.22
	溇水	湖北省鹤峰县中营乡云蒙山国有林基地管理站	慈利县零阳镇太坪社区	251.0	5022.0	2.04
	溪水	石门县南北镇金家河村	石门县新关镇七松村	148.0	3131.0	1.73
	涔水	石门县黑天坑	津市小渡口镇	114.0	1188.0	0.77

(5)其他

湖南省主要河流除四水外,直接流入洞庭湖的 5km 以上的河流有 432 条,其中南洞庭湖水系的汨罗江最大,东洞庭湖水系的新墙河次之。汨罗江源出江西省修水县黄龙乡黄龙村,入湖南省境内平江县,流至汨罗市磊石山入洞庭湖,河长 252km,河道平均坡降为0.46‰,流域面积 5540km²,在湖南省境内 5265km²,占流域总面积的 95.04%,在江西省境内的面积占流域总面积的 4.94%,在湖北省境内的面积占流域总面积的 0.02%。新墙河源出平江县板江乡双家村,至岳阳市簧口镇与游港河汇合,于岳阳县鹿角镇湘良湖渔场入洞庭湖,河长 101km,河道平均坡降为 0.718‰,流域面积 2347km²,在湖南省境内 2335km²,占流域总面积的 99.49%,在湖北省境内的面积占流域总面积的 0.51%。

(6)洞庭湖

洞庭湖,古称云梦、九江和重湖,位于长江中游荆江段南岸,湖南省东北部,地跨湘、鄂两省,介于东经 111°14′~113°10′,北纬 28°30′~30°23′,是我国的第二大淡水湖,亦是荆江段唯一与长江干流直接相通的湖泊,承担着调节和分蓄长江洪水的任务。洞庭湖南接湘、资、沅、澧四水及汨罗江等,北纳松滋口、太平口、藕池口、调弦口(已于 1958 年冬建闸控制)四口分泄的长江洪水,最后从洞庭湖城陵矶注入长江,为一个纵横交错的水网区,是典型的吞吐调蓄型湖泊。经由城陵矶的年平均入江水量为 2800 亿 m³,占长江中游径流量的 46%,可见,洞庭湖对长江中游地区防洪起着十分重要的作用。洞庭湖历经了漫长的演变过程,自古称为五湖之首,在唐宋时期就形成"八百里洞庭",是历史上重要的战略要地。

洞庭湖为东、南、西三面环山,北部敞口的马蹄形盆地,根据自然形态,分成东洞庭湖、西洞庭湖和南洞庭湖,与三口水系、四水尾闾以及各部分间河道相通,全湖为洪道型湖泊。洞庭湖区包括荆江河段以南,四水尾闾控制站以下的广大平原、湖泊水网区,湖区总面积为 20105km²,其中分布于湖南省境内的有 16153km²,占湖区总面积的 80.34%,湖区现有天然湖泊面积约 2625km²,总容积 167 亿 m³,其中东洞庭湖面积 1313km²,西洞庭湖面积 407km²,南洞庭湖面积 905km²。东洞庭湖位于湖区东部,是洞庭湖泊群落中最大、保存最完好的天然季节性湖泊,东临岳阳市区、岳阳县和汨罗市,北抵长江,西靠大通湖大圈和钱粮湖大圈,南连南洞庭湖,现有容积 119 亿 m³,占湖区总容积的 71.26%。统计资料显示,在洞庭湖流域,多年平均年入湖径流量为 2897 亿 m³,长江来水占多年平均年入湖径流量的 32.45%,四水占 57.96%,洞庭湖区间占 9.59%。多年平均汛期(5—10 月)入湖径流量为 2252 亿 m³,占多年平均年入湖径流量的 74.62%,其中长江汛期入湖径流量占汛期入湖总量的 46.45%,四水占 47.29%,洞庭湖区占 6.26%。洞庭湖区主要河流特征见表 1.1-5。洞庭湖区主要河流流域总面积为 261342km²,分布于湖南省境内的有 203247km²。

表 1.1-5 　　　　　　　　　　　　洞庭湖区主要河流特征

水系	河名	河流长度(km)		流域面积(km²)		河口地点
		全长	湘境	全河	湘境	
洞庭湖	松滋河	401.8	166.9	8489	5018	
	虎渡河	136.1	44.9			
	藕池河	332.8	274.3			
	华容河	85.6	72.9			
	湘江	948.0	948.0	94721	85225	濠河口
	资水	661.0	661.0	28211	26883	甘溪港
	沅江	1053.0	568.0	89833	52225	德山
	澧水	407.0	407.0	16959	13842	小渡口
	汨罗江	253.0		5770	5495	
	新墙河	108.0	108.0	2359	2359	
	其他入湖河流			15000	12200	

1.1.3　社会经济

2015—2020 年湖南省地区生产总值及其增长速度见图 1.1-3,数据来源于湖南省统计局。根据 2020 年统计资料，2020 年湖南省全年地区生产总值 41781.5 亿元，比上年增长 3.8%。其中，第一产业增加值 4240.4 亿元，增长 3.7%；第二产业增加值 15937.7 亿元，增长 4.7%；第三产业增加值 21603.4 亿元，增长 2.9%。三次产业结构为 10.2∶38.1∶51.7。第二、三产业增加值占地区生产总值的比重分别比上年下降 0.5 个和 0.6 个百分点，工业增加值增长 4.6%，占地区生产总值的比重为 29.6%；高新技术产业增加值增长 10.1%，占地区生产总值的比重为 23.5%；战略性新兴产业增加值增长 10.2%，占地区生产总值的比重为 10.0%。第一、二、三产业对经济增长的贡献率分别为 8.1%、53.9% 和 38.0%。其中，工业增加值对经济增长的贡献率为 43.9%，生产性服务业增加值对经济增长的贡献率为 24.0%，分别比上年提高 4.6 个和 0.2 个百分点。分区域看，长株潭地区生产总值 17591.5 亿元，比上年增长 4.0%；湘南地区生产总值 8119.3 亿元，增长 3.9%；大湘西地区生产总值 6884.4 亿元，增长 3.6%；洞庭湖地区生产总值 9604.2 亿元，增长 4.0%。湖南省历年工农业生产总值统计结果见表 1.1-6。

图 1.1-3　2015—2020 年湖南省地区生产总值及其增长速度

表 1.1-6　　　　　　　　湖南省历年工农业生产总值统计结果　　　（按当年价格计算，单位：亿元）

年份	地区生产总值	第一产业	第二产业	第三产业
1952	27.81	18.72	3.43	5.66
1953	30.29	18.48	4.28	7.53
1954	30.51	17.03	5.13	8.35
1955	35.83	21.13	5.76	8.94
1956	37.93	20.56	6.57	10.80
1957	45.20	26.41	7.45	11.34

年份	地区生产总值	第一产业	第二产业	第三产业
1958	55.85	26.65	16.63	12.57
1959	61.95	23.60	21.57	16.78
1960	64.07	20.58	25.47	18.02
1961	46.64	20.78	11.69	14.17
1962	51.19	27.17	10.59	13.43
1963	48.08	25.11	11.37	11.60
1964	57.36	30.41	15.60	11.35
1965	65.32	34.00	19.17	12.15
1966	72.73	37.30	22.16	13.27
1967	73.51	40.07	19.89	13.55
1968	75.67	44.85	17.31	13.51
1969	81.26	44.08	21.98	15.20
1970	93.05	44.62	31.98	16.45
1971	99.10	46.31	35.33	17.46
1972	107.01	47.73	39.91	19.37
1973	115.80	51.91	43.35	20.54
1974	108.17	53.17	34.87	20.13
1975	118.40	54.97	41.96	21.47
1976	118.53	55.07	41.47	21.99
1977	129.17	55.95	49.59	23.63
1978	146.99	59.83	59.82	27.34
1979	178.01	79.40	68.42	30.19
1980	191.72	81.14	76.99	33.59
1981	209.68	93.29	77.78	38.61
1982	232.52	107.99	82.51	42.02
1983	257.43	117.79	93.37	46.27
1984	287.29	128.28	104.34	54.67
1985	349.95	147.72	127.08	75.15
1986	397.68	165.28	143.31	89.09
1987	469.44	187.09	172.45	109.90
1988	584.07	217.03	221.28	145.76
1989	640.80	234.31	238.15	168.34
1990	744.44	279.09	249.98	215.37

年份	地区生产总值	第一产业	第二产业	第三产业
1991	833.30	301.02	281.95	250.33
1992	986.98	323.91	337.17	325.90
1993	1244.71	383.68	470.05	390.98
1994	1650.02	532.89	589.72	527.41
1995	2132.13	685.30	770.67	676.16
1996	2540.13	793.98	920.06	826.09
1997	2849.27	855.75	1041.79	951.73
1998	3025.53	828.31	1123.08	1074.14
1999	3214.54	778.25	1192.99	1243.30
2000	3551.49	784.92	1293.18	1473.39
2001	3831.90	825.73	1412.82	1593.35
2002	4151.54	847.25	1523.50	1780.79
2003	4659.95	869.68	1772.29	2017.98
2004	5542.62	1022.45	2135.55	2384.62
2005	6369.87	1078.34	2490.17	2801.36
2006	7431.55	1244.63	3030.72	3156.20
2007	9285.45	1563.81	3867.42	3854.22
2008	11307.37	1761.78	4870.03	4675.56
2009	12772.80	1795.80	5494.66	5482.34
2010	15574.32	2073.19	7034.70	6466.43
2011	18914.96	2420.00	8883.59	7611.37
2012	21207.23	2567.85	9926.66	8712.72
2013	23545.24	2589.18	10913.80	10042.26
2014	25881.28	2671.01	11825.12	11385.15
2015	28538.60	2747.91	12665.72	13124.97
2016	30853.45	2915.58	12941.99	14995.88
2017	33828.11	2998.40	13459.82	17369.89
2018	36329.68	3084.18	13904.11	19341.39
2019	39894.14	3647.23	15401.70	20845.21
2020	41781.49	4240.44	15937.69	21603.36

　　截至 2020 年末,湖南省常住人口 6644.48 万人,户籍人口 7295.58 万人,城镇人口 2630.82 万人,乡村人口 4664.76 万人,男性人口 3778.99 万人,女性人口 3516.59 万人,从业人员 3280.00 万人,在岗职工 554.24 万人。

　　全年全省居民人均可支配收入 29380 元,比上年增长 6.1%;人均可支配收入中位数 23783 元,增长 5.2%。按常住地分,城镇居民人均可支配收入 41698 元,增长 4.7%;城镇居民人均可支配收入中位数 37478 元,增长 4.0%。农村居民人均可支配收入 16585 元,增长 7.7%;农村居民人均可支配收入中位数 14839 元,增长 6.6%。城乡居民可支配收入比值由上年的 2.59 缩小为 2.51。分区域看,长株潭地区居民人均可支配收入 45273 元,增长 5.6%;湘南地区居民人均可支配收入 27171 元,增长 6.2%;大湘西地区居民人均可支配收入 20323 元,增长 6.6%;洞庭湖地区居民人均可支配收入 26695 元,增长 6.3%。贫困地区农村居民人均可支配收入 12023 元,增长 9.9%。外出农民工人均月收入 4889 元,增长 6.4%。全年全省居民人均消费支出 20998 元,比上年增长 2.5%。按常住地分,城镇居民人均消费支出 26796 元,下降 0.5%;农村居民人均消费支出 14974 元,增长 7.2%。

1.2　水旱灾害特征

1.2.1　水旱灾害基本特点

　　受特殊的地理位置和气候条件影响,湖南省水旱灾害频发。湖南省水旱灾害主要有四大特点。

　　(1)灾害类型多

　　湖南省既有长江和湘、资、沅、澧四水等大江大河型洪水及长江中游超额洪量滞蓄洞庭湖的大湖型洪水;亦有局地降雨引发的湖区渍涝型洪水或山丘区的山洪型洪水,还有长时间高温少雨带来的干旱及长江三口水系断流时间延长引起的春旱或秋旱。

　　(2)灾害发生时段集中

　　灾害大多集中在 4—9 月的作物生长季节,一般是前涝后旱,洪涝灾害多发生在 5—7月,干旱及台风影响多发生在 7—9 月。

　　(3)灾害发生区域明显

　　北部的洞庭湖区及四水尾闾地区易发外洪内涝灾害;中部、南部、西部山丘区易发山洪地质灾害;湘中的衡阳、邵阳等地(俗称“衡邵干旱走廊”)及湘西易出现干旱。

　　(4)灾害年份频次高,损失大

　　1950 年以来,湖南省全省性洪灾有 35 年次,旱灾 28 年次,都给湖南省造成了较大经济损失。湖南省 1995—2020 年水利工程设施洪涝灾害损失统计见图 1.2-1;湖南省 1990—2020 年干旱灾害损失统计见图 1.2-2。局地洪涝灾害及山洪灾害几乎年年都有发生。

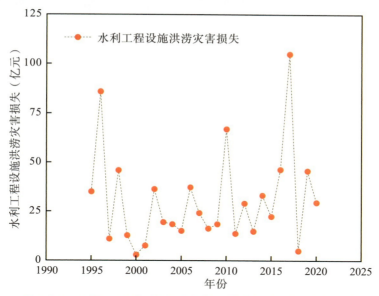

图 1.2-1　湖南省 1995—2020 年水利工程设施洪涝灾害损失统计

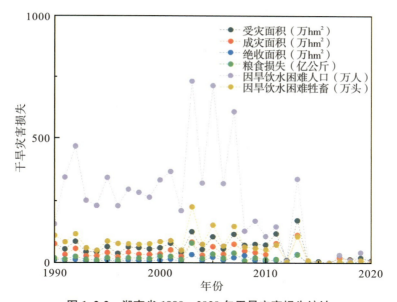

图 1.2-2　湖南省 1990—2020 年干旱灾害损失统计

1.2.2　水旱灾害时空分布

（1）湖南省水旱灾害时空分布不均，防范难度大

1）时间分布

湖南省的水旱灾害大多发生在 4—9 月，一般是前涝后旱。入汛后，4—6 月降雨集中，易发生洪涝灾害；6 月末至 7 月中旬雨季结束，高温少雨易导致夏旱，甚至夏秋连旱；8—9 月，

受台风影响,湘东南及湘中地区易出现洪涝。其中,春夏之交是湘江洪水的发生期,4—6月为洪水多发季节;6—7月,资水、沅江暴雨洪水相对集中,洪水峰高量大;6—8月,澧水降雨最多,洪水陡涨陡落;7—8月,受四水、长江洪水或四水与长江洪水组合影响,洞庭湖易发生洪水。

2)空间分布

受降雨地域分布影响,加之各地地形、地质、土壤、河流、水利工程等不同,水旱灾害类型也不尽相同。

(2)湘南地区

湘南地区包括永州市南部(零陵区、双牌县、新田县、道县、宁远县、江永县、江华瑶族自治县、蓝山县)、郴州市、株洲南部(茶陵县、炎陵县),地貌以山地为主。湖南省地理区划见图1.2-3。

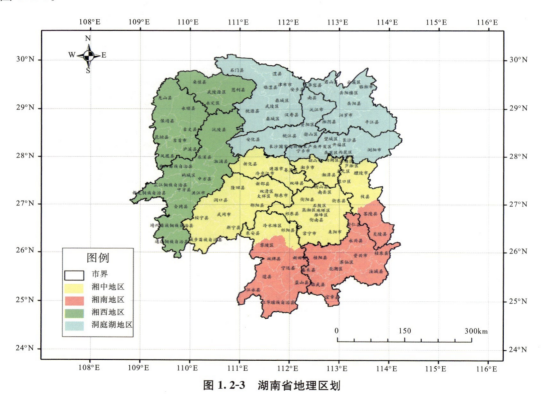

图 1.2-3　湖南省地理区划

①湘南地区位于南岭山脉降雨高值区,包括蓝山、江永、江华、桂东、临武、汝城、资兴等地。3—5月,湘南地区进入雨水多发期,受其影响,局部山洪、中小流域洪水和小型水库是防范重点,尤其是湘江正源及主要支流(春陵水)等河道狭窄,遭遇强降雨,水位上涨迅猛,易发生超警戒洪水。

②6月下旬后,湘南雨季基本结束,夏伏旱逐渐露头,需及时蓄水保水。

③7—9月,受登陆台风影响,局部易发生暴雨山洪,往往造成大灾。

④矿产资源丰富,尾矿库数量众多,需高度警惕。

（3）湘中地区

湘中地区包括长沙市、株洲北部（荷塘区、芦淞区、石峰区、天元区、渌口区、攸县、醴陵市）、湘潭市以及邵阳市、娄底市、衡阳市。

①湘中地区有降雨高值区,暴雨山洪频发,极易发生山洪灾害。该地区处于湘江尾闾,受湘江上游来水、本地强降雨以及洞庭湖洪水顶托等共同影响,水位上涨较快,湘江干流洪水是重点防御对象。

②湘中地区有衡邵丘陵降雨低值区,俗称"衡邵干旱走廊",其中尤以衡南、衡阳、祁东、邵东、邵阳、双峰等县最为易旱。由于降雨少、土壤蓄水保水能力差、水源工程调蓄能力不足、灌区工程保障能力不强等,湘中地区极易发生严重的夏伏旱和秋旱。

③湘中地区西部还有雪峰山脉降雨高值区,涉及新化、隆回、洞口、绥宁等县（市）,汛期5—6月极易发生大范围、高强度、长时间的暴雨,局部山洪灾害、小型水库也是该地区防范的重点。此外,该地区位于资水、湘江中上游,干流洪水防御压力较大。

（4）湘北地区

湘北地区包括岳阳市、常德市、益阳市、长沙市。

①湘北地区北顶长江三口水系分流,环抱洞庭湖,南四水汇聚,上游洪水来量巨大,而洞庭湖出流受长江城螺河段泄流能力不足的制约,洞庭湖区滞蓄洪水任务十分繁重,是湖南省防汛抗灾的主战场,其中长江干堤和洞庭湖堤防是重中之重。蓄洪堤垸的启用是难中之难。

②柘溪水库与桃江之间,即柘桃区间,梯级水电站众多,在一定程度上加剧洪灾的发生概率和受灾程度,桃江县及益阳城区防守成为重点。五强溪水库与桃源之间,即五桃区间,易受沅江洪水影响,桃源县城防洪压力较大。

③湘北地区属于洞庭湖平原降雨低值区,降雨偏少,三峡水库运行后,枯水季节长江来水减少,易发生干旱。长江荆南主河断流时间延长,易发生春旱或秋旱等季节性干旱。

（5）湘西地区

湘西地区包括张家界、湘西自治州、怀化市。

①湘西地区属于沅江、澧水流域,有澧水上游降雨高值区,涉及桑植、永定、永顺、龙山等地,区域性暴雨洪水非常明显,澧水、沅江干流下游堤防的度汛安全是防汛工作的重点区域之一。

②大多数县级城市堤防标准低,未形成有效的防洪闭合圈,一遇强降雨,干支流水位上涨迅猛,沿岸城镇易受淹。

③湘西地区尾矿库星罗棋布,仅湘西自治州境内尾矿库就超过150座,是监测预警和度汛保安的重要关注对象。

④湘西地区主要为岩溶地质地貌,属于沅江上游及中游山间盆地降雨低值区,涉及保靖、泸溪、会同、麻阳、靖州、芷江、新晃、通道等地,蓄水能力不强,半月无雨就受旱,也是湖南

省防旱抗旱的重点地区。

⑤湘西地区以山地为主,旅游资源丰富,游客较多,应加强山洪灾害防御,确保安全。

1.3 水旱灾害的孕灾环境及因子

1.3.1 气候

湖南位于东经 108°47′~114°15′,北纬 24°38′~30°08′,属亚热带季风气候,气候温暖,四季分明;热量充足,雨水集中;春温多变,夏秋多旱;严寒期短,暑热期长;降水丰沛,雨热同期,气候条件比较优越。气候的季风特征主要表现在冬夏盛行风向相反,多雨期与夏季风的进退密切相关,雨热基本同季,降雨量的年际变化大。

(1)雨水集中,年际气温显著上升

湖南雨水丰沛,年平均降雨量为 1200~2000mm,但降雨时空分布很不均匀。一年中降雨量明显地集中于一段时间内,这段时间称为雨季,雨季一般只有 3 个月,却集中了全年降雨量的 50%~60%。各地雨季起止时间不一,湘南为 3 月下旬或 4 月初至 6 月底,湘中及洞庭湖区为 3 月底或 4 月上旬至 7 月初,湘西为 4 月上中旬至 7 月上旬,湘西北为 4 月中旬至 7 月底,这都是由于各地夏季风相继转换的结果。但季风转换时间并不固定,常在年际出现异常,导致雨季提早或推迟、延长或缩短,容易形成洪涝灾害。

夏秋少雨,干旱几乎年年发生,只是影响范围和程度不同。常年 6 月下旬至 7 月上旬,除湘西北外,湘南大部分地区雨季结束,雨量、雨日显著减少。7—9 月各地总雨量在 300mm 左右,不到雨季雨量的一半,加之南风高温,蒸发量大,常常发生干旱。湖南省旱期常分为两个阶段。第一阶段出现在 6 月底至 7 月下旬,一般持续 20~30 天;第二阶段出现在 8 月中下旬至 9 月下旬,一般持续 30~40 天。两段旱期之间的 7 月底至 8 月上旬,常因热带低压、台风、东风波等东风带天气系统的影响而发生降水,使旱象得到缓和,但有的年份由于上述天气系统对湖南的影响不明显,致使两段旱期相连,出现大范围夏秋连旱。

据统计资料,1910—2020 年,湖南年平均气温呈显著上升趋势,并伴随明显的年代际变化特征,20 世纪 30 年代中期至 40 年代末、60 年代和 90 年代以来为主要的偏暖阶段。1910—2020 年,湖南平均气温上升了 1.0℃,略低于全国同期升温幅度。1997—2020 年 23 年中有 22 年气温偏高,2020 年湖南年平均气温 18.0℃,较常年偏高 0.6℃。1910—2020 年,湖南冬、春、秋三季平均气温均呈显著上升趋势,上升幅度分别为 1.51℃、1.42℃ 和 0.70℃,如 2019 年湖南秋季平均气温 19.7℃,为自 1910 年以来第四暖的秋季。年际气温的不断上升,也使得湖南省近年来发生干旱灾害的频次越来越高。

(2)气候条件变差,极端天气气候事件频发

在全球气候变暖背景下,极端天气气候事件出现了趋强增多之势。比如 2020 年八大天气气候事件:春季大范围风雹灾害;冬季为历史第三强暖冬(2019 年底至 2020 年初);1 月罕

见暴雨;3 月底至 4 月底大范围倒春寒;汛期湘中以北超强降雨;秋季长时间持续低温阴雨寡照;湘南夏秋冬长时间干旱;11 月下旬至年末平均气温为近 30 年同期最低。2021 年十大天气气候事件:年平均气温创百年历史新高;春季阴雨日数多,持续时间长;4 月"倒春寒"范围广,影响大;5 月低温持续半月之久;主汛期雨水集中,强降雨过程多、强度强;晚春强对流天气频发,强度强;全年高温日数为历史之最;湘南阶段性干旱明显;8 月湘西北、湘北出现罕见强降雨;12 月下旬低温雨雪冰冻来袭,湘中以北普降暴雨。2022 年十大天气气候事件:年平均气温排近百年来第 2 位,年高温日数再创新高;冬季暴雪频繁(2021 年底至 2022 年初),过程强度为近 20 年以来最强;1 月下旬至 2 月下旬持续性湿冷天气;5 月低温持续时间长、范围广,为历史少见;3 月底至 7 月初暴雨频发,其中 6 月 1—5 日连续暴雨达特强等级;台风"暹芭"贯穿湖南省;最强夏季持续高温热浪;夏秋冬连旱综合强度超历史;10 月、11 月极端最高气温均破当月历史极值;秋末冬初罕见强寒潮。

天气气候异常的原因复杂,造成异常天气气候事件不断发生的复杂局面:干旱和暴雨共存,干旱现象越来越多,面积越来越大,同时降雨越来越强,小到中雨频率普遍减少,而大雨与暴雨强度和频率增加,从而造成近年来流域性大洪水、大范围创历史干旱事件频发、多发。

1.3.2　降雨

湖南全省雨量充沛,多年平均降水量为 1450mm,多年平均水资源总量为 1689 亿 m^3,其中地表水资源量为 1682 亿 m^3,水资源总量居全国第 6 位,但降雨时空分布不均匀,年际差异大,年内和季节分配不均匀,这就是导致全省水旱灾害频发、多发的主要成因。

(1)降水量地区分配不均

降水量总趋势是山区大于丘陵,丘陵大于平原,西、南、东 3 面山地降水量多,中部丘陵和北部洞庭湖平原少。据 1956—2020 年统计资料,湖南省年平均降水量为 1450mm,其中,湘江流域 1473mm,资水流域 1488mm,沅江流域 1446mm,澧水流域 1490mm,洞庭湖平原区 1374mm,各地平均变化在 1200~2000mm,山地多雨,一般在 1600mm 以上,丘陵、平原少雨区在 1400mm 以下,降水量地域分布差别较大。受地理因素的影响,近年来全省降水量地域分布呈三高三低。

1)高值区

a. 澧水上游高值区

该区位于澧水上游、武陵山脉北支,是湘、鄂两省交界之山区,以张家界市桑植县八大公山为中心,多年平均降水量在 1500mm 以上。

b. 雪峰山区高值区

该区为雪峰山区,有三个高值中心:以资水下游安化县为中心向南的雪峰山脉范围;沅江、资水两岸涉及的桃源县、安化县、桃江县、沅陵县、溆浦县境内;以及雪峰山北端。该区多年平均降水量在 1500mm 以上。

c. 南岭—罗霄山脉高值区

该区位于湘、粤交界的南岭山脉和湘东南的湘、赣交界处的罗霄山脉,主要有 3 个高值中心:潇水上游永州市江华县、江永县、道县以及蓝山县;郴州市东南部汝城县、宜章县、资兴市;郴州市桂东县、湘赣交界的八面山和诸广山,且涉及宁乡市、浏阳市、茶陵县、平江县、临湘市、炎陵县境内。该区多年平均降水量在 1500mm 以上。

2)低值区

a. 洞庭湖区低值区

该区主要是湘北洞庭湖环湖区范围,多年平均降水量在 1000mm 左右。由于洞庭湖平原属低注水网区,虽是降水量低值区,但不是易旱区,而是易洪易涝区。

b. 衡邵丘陵低值区

该区西起邵阳市武冈市,东至郴州市安仁县,南起衡阳市耒阳市边界,北至娄底市双峰县的较大区域,多年平均降水量在 1000mm 左右。衡邵降雨低值区,也正是全省易旱地区。

c. 湘西部低值区

该区主要涉及新晃侗族自治县、芷江侗族自治县、通道侗族自治县等区域,多年平均降水量在 1000mm 左右。

（2）降水量年际差异大

湖南省最大年降水量为 1500～2000mm,最小年降水量一般为 1000～1300mm,年降水量极限最大值出现在 2002 年桃江县的谈稼园站,年降水量达 3160mm,极限最小值出现在 2011 年洞庭湖区湘阴县的杨柳潭站,年降水量 575mm,且 2011 年全省平均降水量为自新中国成立以来最少的年份。湖南省 1951—1979 年部分站年降水量极值统计和 2000—2020 年降水量极值统计分别见表 1.3-1 和表 1.3-2。

表 1.3-1　　　　　　　　湖南省 1951—1979 年部分站年降水量极值统计

流域	站名	资料年份	年数(a)	年降水量(mm)	最大年降水量(mm)	最大年降水量出现年份	最小年降水量(mm)	最小年降水量出现年份	最大与最小年降水量极值比
湘江	何家	1963—1979	17	1899.0	3089.0	1975	1130.0	1971	2.73
	香花岭	1958—1979	22	1778.9	2958.0	1961	1039.0	1966	2.85
	花桥	1956—1979	24	1086.0	1482.9	1961	723.1	1971	2.05
资水	润溪	1951—1979	29	1580.8	2478.9	1954	1271.0	1960	1.95
	柘溪	1963—1979	17	1229.2	1633.0	1961	843.0	1963	1.94
沅江	官庄	1963—1979	17	1761.3	2639.3	1961	1244.5	1972	2.12
	三穗	1958—1979	22	1150.1	1548.1	1967	854.0	1966	1.81

续表

流域	站名	资料年份	年数（a）	年降水量（mm）	最大年降水量（mm）	最大年降水量出现年份	最小年降水量（mm）	最小年降水量出现年份	最大与最小年降水量极值比
澧水	王家湾	1964—1979	16	2085.1	2837.2	1969	1545.4	1972	1.84
	五里溪	1963—1979	17	1171.5	1738.5	1973	723.4	1979	2.40
湖区	金龙	1962—1979	18	1492.4	2460.6	1967	1103.1	1963	2.22
	华容	1960—1979	20	1193.6	1699.9	1977	750.9	1968	2.26

表 1.3-2　　　　　　　　　　　　湖南省 2000—2020 年降水量极值统计

年份	年降水量（mm）	最大年降水量（mm）	最大年降水量出现站点	最小年降水量（mm）	最小年降水量出现站点	最大与最小年降水量极值比
2000	1475.9	2655.0	何家站	1011.0	列夕站	2.63
2001	1355.2	2515.0	泥湖站	751.0	段家峪站	3.35
2002	1961.0	3160.0	谈稼园站	1280.0	新晃站	2.47
2003	1299.8	2430.0	八大公山站	800.0	坪石站	3.04
2004	1493.6	2274.0	马路口站	1023.0	明星桥站	2.22
2005	1380.8	2572.0	寒婆坳站	831.0	段家峪站	3.10
2006	1494.6	2637.0	陈沙坪站	778.0	南县站	3.39
2007	1266.5	2290.0	八大公山站	757.0	湘阴站	3.03
2008	1396.2	2675.0	八大公山站	869.0	日升堂站	3.08
2009	1253.1	2126.0	八大公山站	786.0	周文庙站	2.70
2010	1639.4	2719.0	八大公山站	1016.0	新店坪站	2.68
2011	1051.3	1903.0	八大公山站	575.0	杨柳潭站	3.31
2012	1692.3	2891.0	寒婆坳站	1090.0	南团坝站	2.65
2013	1354.1	2899.0	龙山站	652.0	杨柳潭站	4.45
2014	1503.2	2349.0	八大公山站	822.0	灰山港站	2.86
2015	1609.7	2857.0	安马站	990.0	周文庙站	2.89
2016	1668.9	2693.3	八大公山站	1004.5	沅江冲站	2.65
2017	1499.1	2645.5	寒婆坳站	879.5	夜沙泉站	3.01
2018	1363.7	2582.0	八大公山站	874.0	杨柳潭站	2.95
2019	1498.5	2642.0	古宅站	713.0	大湖口站	3.71
2020	1726.7	2933.0	八大公山站	946.0	普利桥站	3.10

（3）降水量年内分配不均

受季风环流影响,降水量虽较丰沛,但季节间变化大,年际变化也很大,分配很不均匀。

各地多年平均最大月降水量一般出现在 5 月或者 6 月。通常是湘江和珠江流域多出现在 5 月,资水、沅江、澧水三水流域以及洞庭湖区的大部分地区出现在 6 月。一般多年平均最大月降水量占年降水量的 13%～20%,个别降水量特别不均匀的典型年份可达 40% 以上,如郴州市的东波站,最大月降水量为 2006 年 7 月的 1041.2mm,占年降水量的 40.6%。多年平均最小月降水量多出现在 12 月,一般占年降水量的 1.6%～4.0%,有些特别不均匀的典型年份少数站最小月降水量可小于 1%。全省各地一般最大月降水量是最小月降水量的 4～9 倍,个别站可高达 10 倍。例如,石门县南坪站比值最大倍数达至 12.42。湖南省各流域多年平均年降水量月分配情况见表 1.3-3。

表 1.3-3　　　　　　　　　湖南省各流域多年平均年降水量月分配情况　　　　　　（单位:%)

流域	1月	2月	3月	4月	5月	6月	7月	8月	9月	10月	11月	12月	4—9月
湘江	4.8	6.5	9.8	13.1	14.7	13.9	8.7	10.0	5.2	5.8	4.5	3.0	65.6
资水	4.5	5.4	8.3	12.4	13.9	14.7	10.1	10.4	5.8	6.9	4.7	2.9	67.3
沅江	3.7	4.2	6.8	11.8	14.7	15.8	12.3	9.7	6.2	7.4	4.8	2.6	70.5
澧水	2.6	3.3	6.1	9.9	13.4	16.5	15.7	11.4	7.5	7.0	4.4	2.2	74.3
湖区	4.1	5.2	8.9	12.7	13.9	15.7	11.3	9.5	5.6	5.9	4.4	2.8	68.7
珠江	4.7	6.6	9.7	13.5	16.1	14.0	8.6	10.5	3.3	3.3	2.7		68.0
全省	4.2	5.4	8.5	12.4	14.4	14.8	10.6	10.1	5.8	6.5	4.5	2.8	68.1

汛期(4—9 月)是降水最集中的时期,多年平均汛期降水量占年降水量的 68.1%,多年平均汛期连续最大 4 个月降水量大多集中在 4—7 月,占全年降水量的 50% 以上。由于降水量各月分布不均匀,往往几个月降水量决定性地影响年降水量的年际变化以及降水的丰枯变化。

1.3.3　地形地貌

湖南地处云贵高原向江南丘陵和南岭山脉向江汉平原过渡的地带。在全国总地势、地貌轮廓中,属自西向东呈梯级降低的云贵高原东延部分和东南山丘转折线南端。东面有山脉与江西相隔,主要是幕阜山脉、连云山脉、九岭山脉、武功山脉、万洋山脉和诸广山脉等,山脉为北东西南走向,呈雁行排列,海拔在 1000m 以上。南面是由大庾、骑田、萌渚、都庞和越城诸岭组成的五岭山脉(南岭山脉),山脉为北东南西走向,山体大体为东西向,海拔大多在 1000m 以上。西面有北东南西走向的雪峰武陵山脉,跨地广阔,山势雄伟,成为湖南省东西自然景观的分野。北段海拔 500～1500m,南段海拔 1000～1500m。石门境内的壶瓶山为湖南省境内最高峰,海拔 2099m。湘中大部分为断续红岩盆地、灰岩盆地及丘陵、阶地,海拔在 500m 以下。北部是全省地势最低、最平坦的洞庭湖平原,海拔大多在 50m 以下,临湘市谷花洲,海拔仅 23m,是省内地面最低点。因此,湖南省的地貌轮廓是东、南、西三面环山,中部丘岗起伏,北部湖盆平原展开,沃野千里,形成了朝东北开口的不对称马蹄形地形。

湖南省地貌类型复杂,地貌变化强烈,形成了不稳定的地貌系统。全省按地貌类型大体可分为湘东侵蚀构造山丘区、湘南侵蚀溶蚀构造山丘区、湘西侵蚀构造山地、湘西北侵蚀构造山区、湘北冲积平原区及湘中侵蚀剥蚀丘陵区等 6 个地貌区。依据地貌形态可划分为山地、丘陵、岗地、平原、水面,其中山地(含山原)16270.8 万亩(1 亩＝0.067hm²),占全省总面积的 51.22%;丘陵 4893.28 万亩,占全省总面积的 15.40%;岗地 4411.73 万亩,占全省总面积的 13.87%;平原面积 4168.5 万亩,占全省总面积的 13.12%;水面 2029.95 万亩,占全省总面积的 6.39%。按地面高程划分,100～300m 高程面积 7376.09 万亩,占全省总面积的 23.2%;300～500m 高程面积 7175.34 万亩,占全省总面积的 22.6%;500～800m 高程面积 5857.19 万亩,占全省总面积的 18.5%;800～1000m 高程面积 3308.73 万亩,占全省总面积的 10.4%;1000m 高程以上面积 1368.21 万亩,占全省总面积的 4.3%。按地形、地势可划分为湘南南岭山脉区,湘西北武陵山脉区,湘西雪峰山脉区,湘东幕阜山区和湘中丘陵盆地。按土壤结构可划分为湘中丘陵盆地红壤区,湘西山地、丘陵黄壤红壤区,湘东丘陵、山地红壤黄壤区,湘南南岭山地红壤区。

湖南省现代地貌格局是在内外营力的长期作用下形成的,按区域划分为山丘区和洞庭湖区两大部分。地貌格局控制了水系的发育,导致了区域水、热条件的再分配,从而制约了孕灾环境的再分配。另外湖南省山地面积比例大,地貌活跃复杂,高差起伏大,坡陡、谷深,地表切割强烈,部分土壤本身抗蚀能力弱等。因此,复杂多样的地形地貌系统是全省水旱灾害严重的一个主要因素与形成条件。

1.3.4　人类活动

经济社会的不断发展,使人类活动愈加强烈,这是社会发展的客观存在。但是,人既是治灾的重要因素,又是致灾的基本和主要因子。人口急剧增长,人多地少,过度的开发土地、开发自然资源,侵占水面、河道,必将导致土地退化,水土流失,环境系统失稳。人,自然就成为水旱灾害的直接侵袭对象。

(1)人口剧增,区域人口密度大

区域人口密集,影响着区域成灾人口的多寡。在明朝(公元 1368—1644 年)湖南人口为 197.7 万人,公元 1816 年为 1848 万人,公元 1911 年为 1958.5 万人,1949 年为 2980.69 万人,1965 年为 3901.4 万人,1982 年全国人口普查时为 5452.1 万人,1990 年为 6110.84 万人,到 2020 年年末常住人口为 6644.48 万人。1982 年人口密度为 257 人/km²,1990 年为 288 人/km²,到 2020 年为 313 人/km²,呈现稳定增长趋势。人口区域分布状况表现为中部密集,边缘稀少,特别是长株潭区域内人口密集,而湘西北、湘西南及湘东地区人口密度较小。随着城市化的发展,城镇人口显然在急剧增加,但以农业生产为主体的山丘区,其乡村人口仍超过全省总人口的一半以上。

（2）森林遭破坏，水土流失，生态平衡被打破

不恰当的生产活动如滥伐森林，盲目开垦以及刀耕火种的落后生产状况也是形成水旱灾害发生的直接因素。据统计，新中国成立后历年毁林开垦面积达500万亩，1958年水土流失面积5.66万km^2，占总面积的27.5％，其中严重的占9％。进入70年代后，虽逐年进行治理，但因人口增长过快，任意砍伐现象严重。1988年水土流失面积为6.43万km^2，到2020年湖南省水土流失面积仍有2.98万km^2。这不仅影响了气候的调节，而且导致水土流失，耕作层质量降低。据调查，没有植被的地表径流要比有覆盖的大10倍以上，裸地冲刷量比林地冲刷量大11倍。同时，全省已建的中小型水库大多存在淤积严重问题，河床、塘库的淤高，带来了调蓄容量的下降，过去山清水秀、风调雨顺、水旱无忧的地方，现在却成了大雨大灾、小雨小灾、无雨旱灾的地方。生态的失调，导致水旱灾害情况逐年加剧。

（3）土地利用不合理，对灾害的抗御能力受限

不同的土地利用类型，其单位面积上的土地生产力不同，由此导致的资产密度的差异对灾情程度影响极大。土地类型对灾害的抗御能力存在差异，势必也影响最终的灾情结果。以粮食生产为主、经济作物为辅的农业生产结构，其农业经济水平的高低反映了区域农业承灾、防灾、抗灾和救灾能力的强弱，这是由于用于防灾抗灾的资本一般是与经济水平成正比的。如山丘区受其自然条件和洪水灾害的制约，经济基础较薄弱，其承灾能力也弱。随着人口密度愈来愈大，人均占有耕地就愈来愈少，过多地开发土地，生态失衡是必然结果。水旱灾害所造成的人员伤亡和经济损失也在不断增加，受灾程度在不断加深。如新中国成立前后，山丘区人稀地多，农业生产多数为单季制，自然是受灾不见灾。目前人口稠密，经济在不断发展，过去同等级的灾害所造成的损失在成倍地增加。因此，土地利用的不同，客观上导致了区域灾情结构和程度的显著差异。

第2章 山丘区洪灾

2.1 山丘区历史洪灾综述

2.1.1 洪灾年次统计

据史料不完全记载,湖南省山丘区洪灾从12—20世纪为每百年63次,其中16—20世纪为每百年92次。这说明自16世纪以后洪灾发生的频率在增大,特别是19世纪。20世纪全省性的洪灾年有43年,即1906年、1911年、1912年、1913年、1914年、1915年、1922年、1924年、1926年、1930年、1931年、1933年、1935年、1936年、1937年、1948年、1949年、1950年、1954年、1955年、1962年、1964年、1968年、1969年、1970年、1976年、1979年、1980年、1981年、1982年、1983年、1984年、1988年、1989年、1990年、1991年、1993年、1994年、1995年、1996年、1997年、1998年、1999年。其中1906年、1915年、1931年、1935年、1937年、1948年、1950年、1954年、1955年、1968年、1969年、1970年、1976年、1980年、1982年、1983年、1988年、1990年、1991年、1993年、1994年、1995年、1998年、1999年共24年的受灾范围更广,损失更大。21世纪后,全省性的洪灾年有8年,即2002年、2005年、2007年、2010年、2016年、2017年、2019年、2020年。

2.1.2 历年洪灾概况

20世纪湖南省不同程度的洪水灾害时有发生,平均每1.5年发生一次洪水灾害,且损失严重。20世纪50—70年代平均每5年发生1次大洪灾,20世纪80年代平均每3~4年发生1次大洪灾,到20世纪90年代洪水发生更为频繁,尤其是1995—1999这5年中连续发生4次超1954年水位的洪水,全省洪水灾害直接经济损失超过1000亿元,因灾死亡人数1650人,分别占全省洪水灾害直接经济损失和死亡人数的63.1%和87.9%。据不完全统计,2001—2020年,湖南省每年均发生了不同程度的洪水灾害,因洪水灾害倒塌房屋100多万间;直接经济损失超过1600亿元;死亡人数1400余人,其中2001—2005年因灾死亡670人,2006—2010年因灾死亡591人,2011—2015年因灾死亡115人,2016—2020年因灾死亡23人。湖南省典型洪水灾害统计见表2.1-1。

表 2.1-1 湖南省典型洪水灾害统计

流域名称	年份	洪灾类型	受灾人口（万人）	死亡人口（人）	直接经济损失（亿元）	受灾农田（万亩）
湘江流域	1954	全流域型	263.00	1048	—	349.00
	1969	区间型	243.00	800	—	149.00
	1976	区间型	305.90	156	—	190.00
	1982	区间型	315.60	201	—	234.80
	1994	全流域型	1838.00	215	56.30	—
	1996	全流域型	1000.00	210	43.87	—
	1998	区间型	911.21	191	70.54	—
	2002	全流域型	746.99	42	58.67	—
	2003	全流域型	453.94	16	10.88	—
	2006	区间型	729.00	417	78.10	—
	2007	区间型	500.00	9	56.00	—
	2010	区间型	588.00	4	40.40	—
	2017	全流域型	420.00	57	253.00	—
	2019	区间型	—	17	31.40	—
资水流域	1955	上中游型	55.90	25	—	103.80
	1988	上中游型	273.80	180	—	232.10
	1990	全流域型	624.00	231	—	212.70
	1995	全流域型	610.58	98	74.44	—
	1996	全流域型	831.00	156	—	483.00
	1998	下游型	487.00	55	—	301.00
	2002	全流域型	305.39	4	18.91	—
	2004	下游型暴雨山洪	6.00	14	6.80	—
	2005	上游型暴雨山洪	354.29	52	18.00	—
	2006	上游型暴雨山洪	41.00	16	2.20	—
	2016	全流域型	220.19	5	56.64	—
	2017	全流域型	288.43	5	83.28	—
沅江流域	1969	中下游型	62.00	93	0.56	114.90
	1970	中上游型	13.20	40	0.07	120.00
	1995	中下游型	620.80	250	65.46	—
	1996	全流域型	618.36	204	98.99	—
	1998	中下游型	495.27	131	42.51	—
	1999	下游型	277.42	36	14.82	—

流域名称	年份	洪灾类型	受灾人口 （万人）	死亡人口 （人）	直接经济损失 （亿元）	受灾农田 （万亩）
沅江流域	2001	上游型暴雨山洪	21.00	124	5.60	26.00
	2014	中下游型	373.26	8	86.45	—
	2017	中下游型	275.87	4	82.10	—
澧水流域	1935	区间型	—	33145		
	1950	全流域型	1.68(不完全统计)	—		20.20
	1954	全流域型	34.20	77		118.00
	1980	区间型	59.50	83		74.80
	1983	全流域型	55.80	50		137.10
	1991	全流域型	108.60	37		168.00
	1993	特大暴雨山洪	178.90	102	9.90	—
	1996	中上游型	185.58	39	29.01	—
	1998	全流域型	243.10	88	79.39	—
	2003	区间型	164.67	34	26.06	—
	2020	全流域型	—	—	3.90(水利设施)	—

注："—"表示未知或未测。

2.1.3　新中国成立后洪灾典型年

（1）1949 年

1）雨水情

全省自春至夏连月淫雨,致暴雨洪水遍及全省 57 个县(市),尤以湘南耒阳、常宁、茶陵、沅陵、乾城(今吉首市)、永绥(今花垣县)、武冈、洪江、新宁、湘乡、湘潭、长沙等县及洞庭湖区11 县为甚。岳阳 5、6 月合计雨量 667mm,为当年地区总雨量的一半,由于西水(长江)水位急增,洞庭湖宣泄不畅,西水(长江)水位较 1948 年高 0.33m。长沙 1—5 月总雨量达964.8mm,而常年平均雨量不超过 636mm,湘江湘潭站水位达 40.18m。邵阳 6 月 1—7 日,连降暴雨 135.7mm,仅 6 月 5 日一晚就达 50mm,邵水急剧上涨,邵阳境内平均水位高出平地约 6m。湘西地区自 5 月中旬,大雨连绵 20 天,6 月初沅江在沅陵县内涨水至 102m,洪江市沙湾河段水位达 174.4m。

2）灾险情

据统计,洞庭湖区 11 县溃决堤垸较 1948 年明显增多,垸田多成巨浸,6 月 27 日广兴洲溃垸,建设垸倒口出险,另有泗复、巴江等 10 多个垸溃决或漫溢,华容大水溃决堤垸 16 个,湘阴大水溃溃 46 个垸,湘阴全县因洪水受灾面积约 24.6 万亩,减产稻谷约 1191 万 kg。长沙、衡阳、湘潭受灾极重,长沙大水期间南门外灵官渡、天符庙等处水深 1m,西湖桥、小西门、大西门一带受淹 0.33m,长沙县境内因湘江及其支流漫溢,沿江 62 垸,倒塌 50 余垸;衡阳各县(市)受毁房屋 8700 余栋,受灾农田达 98 万余亩,因灾死亡 2 万余人,衡宝公路上的佘田桥铺店 200 余栋被洪水席卷,水东江、宜春桥两镇也全部被冲毁,灾情十分严重,属百年罕见;湘潭境内湘乡受灾超过 60 万人,湘潭县全县被淹稻田 47.4 万亩,倒塌房屋 1500 余栋,死伤 319 人。邵阳灾情严重,总计冲毁房屋 11561 栋,受灾农田约 46.95 万亩,因灾死亡 5136 人,死亡耕牛 6519 头,冲毁稻谷约 657 万 kg,冲垮桥梁 680 座,翻沉船只 38 艘,损失总值约达 1200 银元。湘西地区沅陵县 6 月 1—7 日倾盆大雨持续数日,湘西著名建筑物雄溪桥,因水势湍急,加之上游大量木排及破屋古树连续漂流而下,致压力过载,于 6 月 7 日下午倒塌,6 月 10 日,洪江镇全城水深数尺,同时大小河沿岸铺屋被水冲毁不计其数,因灾死亡超 10 人。

(2)1950 年

1)雨水情

5—8 月,湖南局部地区发生暴雨洪涝,主要发生在湘西自治州、岳阳、株洲、怀化、长沙等地区。5 月 26—27 日,沅陵县连降暴雨,山洪暴发。6 月 18—21 日,株洲、浏阳、宁乡局地发生了山洪。7 月上中旬,湘西、常德、株洲先后普降暴雨,山洪暴发,澧水、酉水河水猛涨。7 月 15 日,湘西全州大雨后山洪暴发,古丈县城水淹 3~17cm。7 月下旬,攸县小时雨量达 215mm。8 月 16 日、22 日、25 日,岳阳县 9 区连遭暴风雨袭击,洪水暴发。

2)灾险情

据统计,5—8 月的暴雨洪涝灾害导致全省成灾面积 10.13 万 hm²,占当年播种面积的 2.6%,减产粮食 0.65 亿 kg。其中,株洲、浏阳、宁乡局地山洪导致淹没稻田 9620hm²,冲倒、冲垮各种水利设施 1392 处,冲坏便桥 75 处,倒塌房屋 182 间,受灾 16471 人,因灾死亡 5 人。而在 7 月上中旬的暴雨洪水过程中,湘西、常德等地受灾户达 3875 户,受灾 16826 人,受灾面积 2.02 万 hm²、冲坏田地 1.57 万 hm²,倒塌房屋 73 栋。

(3)1954 年

1)雨水情

汛期全省平均降雨 1368mm,较历年均值偏多 47.6%,5—7 月 3 个月的平均雨量大多接近于平常年一年的雨量。6 月下旬至 7 月下旬,副热带高压较弱,并长时间稳定在北纬 18°附近,受西伯利亚冷空气南下影响,在湖南湘中以北形成长时间连续成片大暴雨天气,暴雨致使湘、资、沅、澧四水流域洪水暴发,干流控制站均出现超警戒水位 1.89~4.94m 的洪水,全省水情超过 1906 年及 1931 年,为百年罕见。

2)灾险情

7 月 23—25 日浏阳宝盖洞水库降雨 519.6mm,造成水库溃坝,因灾死亡 477 人,其下游首当其冲的有船山、白露、石泉、三口、新水、永清、石幼等乡,冲毁农田 558 亩、水冲砂压农田

5713亩,倒塌房屋5300间。整个暴雨过程浏阳河流域内受灾农田共349万亩,受灾263万人,因灾死亡1048人。

（4）1955年

1）雨水情

4—8月,湖南局部地区暴雨成灾。5月27—28日,衡阳、邵阳、怀化等地降大到暴雨,降雨导致耒水洪水暴发,洪峰比1954年的最高水位超过0.33m。6月18—19日、6月20—24日,邵阳盆地、澧水流域出现了暴雨和特大暴雨,这次局地暴雨,致使河水猛涨,部分地区山洪暴发。7月19—27日,湖南大雨连绵,湘南地区尤甚,郴州地区的桂阳、安仁、嘉禾、汝城等地洪水暴发。8月25—26日,资水流域发生大范围降雨过程,暴雨中心在安化至桃江区间,安化县梅城最大日雨量达423.3mm,为当时湖南省自有记录以来的最大日雨量,强降雨致资水干流发生特大洪水,桃江水文站洪峰水位达43.82m,超警戒水位3.82m,洪峰流量15300m³/s。

2）灾险情

据统计,4—8月的暴雨洪涝灾害导致全省农田受灾面积达13.3万hm²,占当年播种面积的2.1%,成灾面积6.6万hm²,因灾减产粮食0.61亿kg。4月13—14日,长沙、宁乡等地受灾农田2000多hm²、经济作物600多hm²；衡阳、邵阳、怀化洪水暴发导致因灾死亡7人,淹没农田5641.8hm²。6月9日,通道县降暴雨导致毁坏房屋30栋、因灾死亡5人。6月20—24日,桑植、龙山、吉首、绥宁、岳阳等5县(市)局地洪水暴发导致稻田受灾面积达2066.67hm²、冲垮山塘216口、河坝354处、桥梁11座、水库2座,3个堤垸受溃,因灾死亡33人。7月下旬郴州发生暴雨洪水,44个乡受灾严重,受灾户1522户,冲毁水坝59座、桥梁75座,因灾死亡1人。7月20—27日,洞口县大雨倾盆,洞口、桥头、竹市、山门、石江等地受灾最重,全县受灾户达17057户,受灾面积28200hm²,成灾面积19800hm²,因灾死亡4人。7月29日,黔阳县(今洪江市)大雨引发山洪,11个乡遭到洪水袭击,受灾户超过170户,因灾死亡3人。

（5）1969年

1）雨水情

湖南4月开始多雨,6—8月暴雨频繁,连续发生暴雨洪水过程。7月10—16日,受高空低槽槽前西南暖湿气流影响,沅江流域发生强降雨过程,暴雨中心在沅陵至桃源区间,3天面平均雨量达214.4mm,7天面平均雨量达309.6mm,桃源站最高洪水位超过警戒水位2.9m,常德站最高洪水位超过警戒水位1.68m。8月9—12日,受6号台风影响,宁乡沩水流域发生特大暴雨洪水灾害,黄材水库以上流域8月9日最大日雨量150～220mm,8月9—11日最大3日雨量330～526mm,8月4—11日最大7日雨量410～548mm,黄材水库最大降雨强度是8月10日2时至11日1时,23个小时雨量达300mm,黄材水库在10日13时40分出现最高水位167.54m,最大入库流量2280m³/s,最大下泄流量 800m³/s,削峰 65%。

2)灾险情

据统计,6—8 月暴雨洪涝灾害导致全省受灾面积共 54.13 万 hm²,占当年播种面积的 7.4%。6 月下旬醴陵、长沙、浏阳等局部洪涝导致受灾公社 108 个,倒塌房屋 10271 间,冲垮水利设施 10056 处、桥梁 1032 座,溃堤垸 8 个,因灾死亡 42 人。7 月上中旬的洪水过程,全省受灾稻田 6.91 万 hm²,冲坏小型水库 25 座、山塘 148 口、沟渠 680 条、河堤 2219 处、桥梁 1148 座、公路 350km、小电厂房 8 处、冲毁建筑设施 963 处,冲毁房屋 76 栋共计 560 间,因灾死亡 90 人。8 月上旬的暴雨洪水过程,全省受灾面积达 16.19 万 hm²,冲垮水库 29 座、山塘 2430 口、桥梁 1110 座、河堤 4775 处,溃垸 37 个,倒塌房屋 16.31 万间,因灾死亡 959 人、失踪 244 人。8 月 25—30 日的暴雨洪水导致全省稻田受灾 3.63 万 hm²,冲毁小(2)型水库 18 座、山塘 800 多口、水坝 9000 处,毁坏公路 50km、桥梁 50 座,倒塌房屋 1000 多栋,因灾死亡 84 人。

(6)1970 年

1)雨水情

4—7 月全省发生多次暴雨洪水过程。4 月 29 日至 5 月 1 日,邵阳市境内普降大雨或暴雨。5 月 8—13 日,全省普降中到大雨,湘江出现两次洪峰,5 月 10 日出现最高水位 37.21m。5 月 28 日,大庸(今张家界市)全县普降暴雨,县城日雨量 166.3mm,沅古坪、大坪等山区山洪暴发。7 月 9—14 日,全省普降大到暴雨,桑植、桃源、石门、临湘、株洲、攸县、邵阳、隆回、洞口 9 县(市)及怀化等地区暴发洪水,暴雨中心在沅江流域上游锦屏以上,7 天面平均雨量达 257mm,黔城(今吉首市)、安江两站最高洪水位居历史最大值,安江站最高水位超过警戒水位 4.93m,浦市站最大流量仅次于 1938 年。

2)灾险情

据统计,4 月 29 日至 5 月 1 日的暴雨洪水过程导致隆回、洞口两县冲毁房屋 535 处,冲走大小桥梁 423 座,因灾死亡 13 人。5 月 8—13 日的降雨过程造成岳阳、宁乡、长沙洪涝受灾,受灾农田 2.13 万 hm²,倒塌房屋 286 间。7 月上旬的暴雨洪水导致全省农作物受灾面积 1.68 万 hm²,倒塌房屋 1318 栋,冲垮桥 3 座,因灾死亡 49 人。

(7)1973 年

1)雨水情

1—6 月全省水量普遍偏多,平均降水量为 800～1000mm,局部达 1200mm,总雨量比常年多 10%～20%,澧水流域和岳阳地区雨量比常年多 30%～40%。5 月和 6 月中下旬,洞庭湖区、沅江、澧水流域和湘南地区相继出现暴雨,四水干流各主要控制站水位均接近 1954 年同期水位。6 月 21—25 日,全省普降暴雨,强降水分布在湘中偏北地区,加之湘、资、沅、澧和长江上游普降暴雨,致使洞庭湖和四水的水位猛涨。6 月 27—28 日,安仁、宜章、汝城等县出现暴雨或大暴雨,6 月 28 日宜章雨量 82.1mm,安仁 92.2mm、汝城 122.6mm。8 月 12—17

日,全省普遍降雨,常德、益阳发生暴雨,8 月 12—15 日桃源县茶庵卜 57 个小时降雨 416mm,南县厂窖公社 356mm;8 月 15 日桃江县三官桥公社 4 小时降雨 150mm。

2)灾险情

据统计,6 月 21—25 日的暴雨洪水导致张家界、湘西、岳阳、长沙、株洲、邵阳、永州等地区受灾,其中慈利、桑植、桃源、岳阳、长沙、宁乡、怀化、株洲 8 县(市)共计 89.42 万人受灾,全省受灾面积达 11.35 万 hm²,溃决大、小堤垸 30 个,冲垮塘、坝 613 个,冲毁小(1)型、小(2)型水库 31 座,冲毁河堤 7482 处共计 197.43km,冲坏水轮泵站 53 处、桥梁 991 座,冲毁房屋 3 万余间,因灾死亡 144 人。6 月 27—28 日的暴雨洪水导致全省共计 56 个公社、583 个大队、4446 个生产队受灾,累计受灾面积 2.73 万 hm²,粮食减产 1588.52 万 kg,冲垮水库 1 座、山塘 279 口、河坝 309 处,倒塌房屋 3006 间,冲走大牲畜 394 头,冲失木材 2500m³。8 月下旬的暴雨洪水导致全省 424.65 万亩农田受冲淹,317 座大小水库出险,冲垮小型水库 40 座,人民生命财产和水利设施损失十分严重。

(8)1975 年

1)雨水情

8 月 4—5 日,发生我国历史上"75·8"特大暴雨洪水灾害。8 月上旬,受三号台风影响,4—5 日降水量超过 100mm 的有攸县酒埠江、醴陵大西滩、茶陵龙家山、衡东甘溪、南岳半山亭、安仁、耒阳排水片、郴州、永兴青山垅、长沙、株洲、沅江、南咀、常德、桃源等 15 个水文站。醴陵、攸县出现特大暴雨,8 月 4 日 19 时至 5 日 5 时 10 小时内攸县、醴陵降雨 150～200mm,其中醴陵藕塘水库降雨 236mm,攸县皇图岭 220mm。据湖南省水文总站实地调查,暴雨中心在攸县高视公社广寒坪大队,经估算,5 个小时降水量超过 370mm,24 小时降水量明显超过 400mm。

2)灾险情

据统计,8 月特大暴雨导致攸县 16 个公社遭受暴雨洪水灾害,其中严重的有 11 个公社,200 个大队,948 个生产队,全县淹没农田 18 万亩,其中水冲砂压 5.5 万亩,倒塌房屋 3440 户共 13100 间,冲垮小(1)型水库 1 座、小(2)型水库 2 座,3000 多名群众被洪水包围,因灾死亡 146 人,因灾受伤 106 人。其中,皇图岭公社倒塌房屋 822 户,有 19 个生产队房屋基本倒塌,因灾死亡 66 人,因灾受伤 75 人,冲走粮食约 150 万 kg,受淹农田 1.5 万亩。醴陵县严重受灾 12 个公社,2.6 万多名群众被洪水包围,13 个公社电话中断,水深达 3～4m,最深达 8m,因灾死亡 40 人;泗汾区有 67 个大队 9 万人受灾,倒塌房屋 1.5 万间,泗汾公社 103 个生产队被淹,1.07 万人被洪水包围,沈潭公社 4 个大队的 1300 人被洪水包围,因灾死亡 20 人。

(9)1976 年

1)雨水情

湘江流域出现大洪水,先后 3 次超过警戒水位。第一次发生在 5 月上旬;第二次发生在 5 月中旬,零陵老埠头 5 月 16 日洪峰水位 106.03m,日涨 8.1m,为新中国成立以后最高洪水位;第三次发生在7月上中旬,7月6—10日,湘江流域出现持续性大暴雨,暴雨中心在老埠头以上流域,7日面平均降水量为273.4～354.0mm,3日面平均降水量全州以上达232mm,1日面平均降水量达97mm。由于上游广西全州3次洪峰重叠,潇水双牌水库7月9日16时洪峰水位169.49m,超过控制水位2.47m,11孔闸门全开,最大下泄流量6540m³/s,与湘江干流洪峰碰头,零陵老埠头7月10日6时洪峰水位107.18m,洪峰流量14700m³/s,湘江流域出现超警戒水位。

2)灾险情

7月6—10日的暴雨造成湘江水位上涨,湘潭、茶陵、零陵等地遭受洪涝灾害。据统计,全省共淹没耕地5.33万hm²,经济损失1876.04万元,倒塌房屋1.18万间,因灾死亡72人,四大堤垸出险110处,冲垮水库1处。7月13—14日的暴雨洪水致使桑植全县26个公社受灾,淹没和水冲砂压水稻387.2hm²、旱粮作物725.13hm²、经济作物102.07hm²、因灾死亡4人。

(10)1980年

1)雨水情

7—8月,澧水流域连降大到暴雨。7月30日至8月4日的强降雨过程,暴雨中心位于澧水上游及溇水上游,降水量200mm以上笼罩面积为65840km²,暴雨历时6天,降雨强度由大到小,前3天雨量占本次降雨过程雨量的70%左右,澧水干流石门站8月2日出现最高洪水位62.00m,洪峰流量17600m³/s,支流溇水长潭河站和溧水皂市站最大洪峰流量分别为6400m³/s和7730m³/s,干支流主要站洪峰水位均超过1954年1～2m,石门站洪峰流量超过1954年3100m³/s,流量超过10000m³/s的持续时间达38小时。8月10—12日的暴雨过程主要发生在澧水流域,在清江上游和沅江支流酉水上游也出现较大洪水。

2)灾险情

据统计,汛期全省洪涝灾害遍及81个县(市),受灾农田共53.87万hm²,占当年播种面积的6.8%,倒塌房屋15.2万间,溃决堤垸10个,冲垮小型水库9座,塘坝2.3万多处,冲毁桥梁2400多座,因灾死亡356人。其中,澧水流域内先后遭受5次洪灾,上游桑植县水冲砂压农作物34万亩,占当年播种面积的45%,澧县、临澧、津市3县市共溃决中小堤垸79个,受淹耕地面积13.87万亩,受淹人口6.3万人,倒塌房屋4.91万间,因灾死亡40人。

(11)1985年

1)雨水情

8月24—26日,受强台风和冷空气共同影响,出现大范围暴雨天气。郴州地区除安仁、永兴、嘉禾和桂东4县外,普降大到暴雨,暴雨中心在郴州东坡、大奎上、高峰一带,其中最大降水量是东坡矿560.1mm,8月24日9时至25日8时23小时降雨447.9mm,东坡矿8月25日0时至2时50分降雨211.6mm,高峰水库8月24日20时至25日17时降雨348.5mm。此次降雨笼罩面积约2915km²,是当时郴州地区自有气象资料以来8月最大降水量。

2）灾险情

据统计,8 月 24—26 日的暴雨洪水过程致郴州 167 个乡镇、1053 个村、8542 个村民小组、6.296 万户房屋、28.98 万人受灾,冲淹稻田 25.243 万亩,其中水冲砂压 5.41 万亩,冲毁旱土 1.19 万亩,冲走口粮 126.6 万 kg,共损失粮食约 3400 万 kg,倒塌房屋 971 栋共 7721 间、杂房 2247 间,冲走生猪 2086 头、耕牛 406 头、木材 9875m³。冲毁各类水利工程设施 6140 处,冲垮小（2）型水库 1 座、山塘 2372 口、河坝 550 座、小水电站 38 处,因灾死亡 167 人。

（12）1988 年

1）雨水情

8 月中旬后期,湘中以北地区出现了暴雨,特别是资水、沅江中下游和洞庭湖区先后出现多次大暴雨和特大暴雨,部分地区出现了自 1909 年有气象记录以来 80 年同期雨量的最大值。8 月 19 日至 9 月 15 日 27 天中,全省平均雨量 316.7mm,是历年同期的 6 倍,暴雨中心集中在洞庭湖的华容、南县、安乡、汉寿县及资水的安化县一带,降水量超过 700mm。全省降水量超过 300mm 的笼罩面积有 13.3 万 km²,占总面积的 63%,其中超过 400mm 的有 7.4 万 km²,超过 500mm 的有 2.4 万 km²,降雨笼罩面积自有记载以来仅次于 1954 年。暴雨重现期相当于百年一遇,远远超过了洞庭湖区实际排涝能力,强暴雨致使内湖、内河、渠道水位普遍超过控制水位 1～2m,暴雨洪水灾害频发。

2）灾险情

9 月 3 日、4 日和 11 日的暴雨致使西湖农场,常德鼎城区八官垸、大通湖农场一分场的溃堤和高水河堤先后溃决,共淹没耕地 17 万亩,受灾 11 万人。9 月 10 日资水发生特大洪水,桃江县城关垸防洪堤发生大面积内外滑坡,益阳市的长春垸,湘阴县的湘资垸、城西垸,汨罗的中洲垸等都出现重大险情。据统计,全省受灾 71 个县、1854 个乡、23954 个村、1771 万人,全省洪涝受灾面积达 1262 万亩。

（13）1990 年

1）雨水情

6 月上旬至 7 月初出现 5 次暴雨或大暴雨过程,主要分布在湘中及以北地区。6 月 6—16 日,资水、沅江中游及湘江尾闾地区连降大暴雨,最大 5 日降雨泸溪县岩门溪 509mm,浦市 495mm,安化县柘溪 489mm,溆浦县深子湖水库 420mm,沅陵县田家坪 407mm,岩屋潭电站 381mm,新化县梅花洞水库 327mm。泸溪县岩门溪小时最大降雨 132mm,重现期超过 1000 年,最大 9 小时降雨 195mm,相当于 300 年一遇,最大 24 小时降雨重现期超过 500 年。

2）灾险情

据统计,6 月上旬至 7 月初,全省有 88 个县（市）遭受洪涝灾害,农作物受灾面积共 70.47 万 hm²,占当年播种面积的 9%,因灾死亡 339 人,倒塌房屋 12.78 万间,损失 18.62

亿元。其中 6 月 6—16 日降雨过程,受灾范围有溆浦、沅陵、辰溪、泸溪、怀化、安化、桃源、涟源、新化、双峰、娄底、桃江、宁乡、浏阳等 14 个县(市),受灾面积达 4 万 km^2,直接经济损失 16.58 亿元。6 天内共垮 7 座小型水库,其中小(1)型 1 座,小(2)型 6 座,冲毁塘坝 61783 口、渡槽 1191 座、小水电站 366 座、渠道 74390 处。有 681 座中、小型水库出现严重险情,水毁工程损失折款达 3.37 亿元。

(14)1993 年

1)雨水情

汛期降水比常年同期偏多 20%～90%,雨水相对集中,暴雨洪水频发。7 月 19—23 日,永顺县出现连续性特大暴雨,降雨总量达 355.3mm,最大降雨强度 88mm/h,为历史极值的 2 倍,暴雨中心在猛洞河中下游,笼罩面积 565km^2,暴雨走向从上至下,使猛洞河下游干、支流洪峰于不二门平镜河段交汇,洪峰流量达 4130m^3/s。7 月下旬,大庸市(今张家界市)发生特大暴雨洪灾,澧水中上游发生新中国成立以后最严重的洪灾,7 月 22—24 日,澧水中上游普降特大暴雨,茅溪水库上游 23 日 2 时 30 分—14 时降水量为 376mm,澧水上游桑植、天子山、双枫潭 22 日 20 时至 23 日 20 时降水量在 200mm 以上,22—24 日各雨量点 12 小时最大降水量为 126～376mm,大庸站(1997 年改为张家界站)23 日 5 时 30 分起涨水位 157.73m,23 日 16 时 39 分出现自新中国成立以来最高洪水位 166.27m,比 1935 年洪峰水位仅低 0.32m,比 1954 年 7 月 22 日洪峰水位高 0.16m,洪峰流量 9780m^3/s。

2)灾险情

据统计,6—8 月,全省 3 次大暴雨袭击湘江、澧水、沅江 3 大流域,致使 3 个流域和洞庭湖区洪水泛滥,全省 103 个县(市、区)遭受洪涝灾害,受灾达 2377.8 万人,因灾死亡 372 人,农作物受灾面积共 123 万 hm^2,损坏水利设施 9.54 万处,直接经济损失达 52.57 亿元。其中 7 月 24 日,永顺县洪水致全县 9 个区、47 个乡镇 9.28 万户、38.9 万人遭灾,因灾死亡 48 人,无家可归 2 万多人,因灾致伤致残 3900 余人,直接经济损失 3.2 亿元,间接损失在 3 亿元以上。7 月下旬澧水花岩至潭口段的高洪水位导致大庸市(今张家界市)全市有两区、两县、120 个乡镇、140 万人受灾、17 万人被洪水围困,倒塌房屋 1.8 万间,因灾死亡 54 人,直接经济损失达 6.7 亿元。

(15)1994 年

1)雨水情

4—8 月,湘中、湘南多次遭受暴雨袭击,湘江流域出现了百年一遇的洪涝灾害。6 月 12—18 日,湘江流域内普遍降雨,局部地区降特大暴雨,株洲以上平均降水量达 200mm,降雨主要集中在 12—16 日,暴雨中心的江华码市 5 天累计降雨量 575mm,超过 200 年一遇(548mm),安仁 324mm,常宁 317mm,祁阳 307mm,降雨量超过 500mm 的笼罩面积有 550km^2,超过 400mm 的有 950km^2,超过 300mm 的有 4900km^2,超过 200mm 的 41200km^2(占全省总面积的 19.5%)。汛期湘江流域共发生 5 次洪水过程:4 月 26 日,干流水位超过警戒水位 1.33～4.68m；6 月 18 日，干流水位超过警戒水位 2.41～7.88m；7 月 24 日，干流水位除湘潭、长沙低于警戒水位外，其余站均接近或超过警戒水位；8 月 6 日，干流水位均超过警戒水位 1.03～4.26m；8 月 18 日，超过警戒水位 1.0～3.59m。

2）灾险情

据统计，4—8 月，全省农作物受灾面积共 134.6 万 hm²。4 月 8—19 日的强降雨过程中，岳阳的北区、南区、郊区、君山、建新农场，常德市均受暴雨袭击，122 个乡（镇）、284 万人受灾，无家可归 6732 人，因灾死亡 2 人，倒塌房屋 967 间，3 个镇进水，2 个工厂停产，受灾农作物 5.35 万 hm²，冲坏小（1）型水库 3 座、小（2）型水库 18 座、渠道 121 条、桥涵 14 座、中断公路交通 6 次，停电 30 多小时，经济损失 4068 万元。4 月 20—26 日的强降雨过程中，全省共有 59 个县（市）受灾，农作物受灾总面积 3.89 万 hm²，因灾死亡 45 人，倒塌房屋 4631 间，冲毁河渠道 2498 处共计 203.4km、涵闸 35 处、堤坝 600m、渡槽 5 处、小电站 5 座、公路 529 处共计 90.95km、桥梁 144 座，直接经济损失 2.76 亿元。

（16）1995 年

1）雨水情

全省汛期降水量较常年同期偏多 9％，湘江部分支流、资水和沅江干流以及洞庭湖南部出现历史最高洪水位，全省范围发生自 1954 年以来最严重的洪涝灾害。其中 6 月底至 7 月初，沅江、资水、洞庭湖区及湘江下游降大暴雨和特大暴雨。7 月 2 日洞庭湖入湖总流量达到 58500m³/s，相当于 1954 年最大入湖流量的 91％。

2）灾险情

据统计，汛期强降雨导致全省 14 个地（州、市）、107 个县（市、区）、2761 万人受灾，因灾死亡 633 人，农作物受灾面积 171.0 万 hm²，成灾面积 119.5 万 hm²，倒塌房屋 38.38 万间，直接经济损失 292.3 亿元。湖区溃决大小堤垸 84 个，其中万亩以上堤垸 7 个，7 月 3 日娄底市团结水库（小（1）型水库）垮坝失事。

（17）1996 年

1）雨水情

全年汛期降水较常年偏多 14.3％，全省汛期月均降雨 215mm 以上。澧水和湘江发生超警戒水位洪水，其中 7 月 19 日 12 时湘江水位超警戒水位 2.18m。资水、沅江和洞庭湖区发生特大洪水，水位全面超历史，如资水下游益阳站 7 月 21 日 17 时洪峰水位 39.49m，超历史最高水位 0.45m，相当于 100 年一遇洪水位；沅江干流五强溪水库 7 月 19 日 10 时最高库水位 113.26m，超正常水位 5.26m，相当于 5000 年一遇洪水位；洞庭湖区水位超历史最高水位 34.55m 以上的时间达 8 天（192 小时），湖区内有 2600km 湖堤超历史最高洪水位。

2）灾险情

据统计，全省 14 个地（州、市）、117 个县（市、区）受灾，其中 49 个县城进水，湖区溃决大小堤垸 145 个，其中万亩以上的 26 个，淹没面积 15.3 万 hm²，因灾转移 113.8 万人。全省受灾 3325 万人,因灾死亡 744 人,农作物受灾面积 218 万 hm²,成灾面积 134.67 万 hm²,倒塌房屋 162.1 万间,直接经济损失 580 亿元。

(18)1998 年

1)雨水情

6—7 月,资水下游、湘江中下游、澧水、沅江相继降大暴雨,其中 6 月 11—27 日的半月雨量超过历年平均雨量的一半以上。湘、澧、沅、资四水及洞庭湖区相继发生特大洪水,洪峰与长江洪峰相遇 8 次,形成 1954 年以来的最大洪水。湘江下游、澧水流域、东洞庭湖先后出现超历史最高洪水位,城陵矶连续出现 5 次洪峰,其中 4 次超历史最高洪水位。6 月 27 日 21 时湘江长沙站出现 39.18m 洪峰水位,超警戒水位 4.18m,超历史最高水位 0.25m;7 月 24 日 8 时,澧水津市站洪峰水位 45.01m,超历史最高水位 1.0m;7 月 24 日 6 时,沅江桃源站出现 46.03m 洪峰水位,超警戒水位 3.53m。汛期城陵矶站高洪水位持续时间长,高洪水位超危险水位 33m 达 78 天,超 34m 达 55 天,超 35m 达 42 天。

2)灾险情

汛期,全省 14 个地(州、市)、108 个县(市)、1438 个乡镇受灾,全省受灾 2878.98 万人,因灾死亡 616 人,紧急转移 350.84 万人,倒塌房屋 68.86 万间,农作物受灾面积 194.27 万 hm²,成灾面积 124.87 万 hm²。湖区堤防出险 3.37 万处、溃决堤垸 142 个(万亩以上 7 个),14 个县城进水被淹,直接经济损失 329 亿元。

(19)1999 年

1)雨水情

全省 4—8 月出现了 8 次较大暴雨过程。其中,6 月 23 日至 7 月 2 日,湘西、湘北普降暴雨,出现暴雨 83 站(次),其中大暴雨 15 站(次),沅江下游水位暴涨,沅陵以下全线超危险水位,西、南洞庭湖全面超警戒水位,全省 35 个堤垸达防汛水位,其中 25 个达危险水位。7 月 7—9 日,湘西北地区发生了大暴雨或特大暴雨,其中龙山、吉首、保靖、花垣等县出现了连片大暴雨区,造成山洪暴发,峒河河水猛涨,超出警戒水位 3.88m,超危险水位 0.88m,超历史最高水位 0.39m。8 月 10 日开始,郴州区域内北湖、苏仙、宜章、桂东等县(市、区)普降大暴雨,8 月 11—13 日早 8 时,郴州市区降雨 350.9mm,桂阳 235.4mm,永兴 150.2mm,宜章 116.7mm,资兴 153.3mm,强降雨造成山洪暴发。

2)灾险情

据统计,汛期 8 次暴雨过程致使全省 14 个市(州)、85 个县(市、区)受灾,麻阳、辰溪、新晃、吉首 4 个县级城镇和郴州 1 个城市进水受淹,资阳区民主垸溃决。全省受灾 1267.63 万人,因灾死亡 125 人,损坏房屋 61.22 万间,倒塌房屋 15.55 万间,受灾农田共 137.48 万 hm²,成灾面积 86.84 万 hm²,减产粮食 6.153 亿 kg,直接经济损失达 64.87 亿元,其中郴州、益阳、常德、岳阳、怀化和湘西自治州等 6 市(州)合计损失占全省损失的 93%。特别是郴州市"8·13"暴雨山洪致使全市 11 个县(市、区)、143 个乡镇受灾,受灾 141.69 万人,因灾死亡 77 人,因灾致残 5165 人,因灾失踪 112 人,大量工农业基础设施被毁,直接经济损失 16.36 亿元。

（20）2001 年

1）雨水情

汛期全省平均降雨 843mm,较历年同期均值 932mm 偏少 9.5％,降雨时空分布不均,4 月比历年同期均值偏多 22％,6 月比历年同期均值偏多 12.5％。其中 6 月 18—19 日,绥宁县境内突发大暴雨,连续降暴雨 15 个小时,宝顶山地区降雨量更是高达 313mm,持续暴雨引发了大范围的山洪灾害。

2）灾险情

据统计,汛期全省除张家界市以外的 13 个市（州）、73 个县（市、区）均不同程度受灾,其中绥宁、洞口、道县、会同、东安、宁乡、安化、城步等县（市、区）受灾最为严重,全省受灾 869.74 万人,农作物受灾面积 42.36 万 hm²,成灾面积 22.39 万 hm²,绝收面积 0.86 万 hm²,减产粮食 83.45 万 t,倒塌房屋 3.91 万间,因灾死亡 121 人,造成直接经济损失 25.1 亿元。特别是 6 月 19 日绥宁县暴发山洪灾害,全县 25 个乡镇普遍受灾,失踪、死亡 124 人,倒塌房屋 1575 栋,造成直接经济损失 5.6 亿元。

（21）2002 年

1）雨水情

全省降雨较常年明显偏多,4—9 月全省平均降雨 1317mm,较历年均值偏多 42％,仅次于自 1935 年有资料以来同期最大年份 1954 年的 1423mm,排历史同期第 2 位。岳阳、益阳、常德、永州 4 市降水最多,分别为 1472mm、1387mm、1352mm 和 1381mm,比历年同期均值分别偏多 67％、55％、48％和 45％。受连续强降雨影响,湘江干流和各支流水位上涨较快,湘江干流老埠头、归阳、衡阳、衡山超警水位 0.7～3.4m,株洲、湘潭长沙超防汛水位 0.55～1.99m。汛期湘江发生较大洪水过程 6 次,资水发生 2 次,资水、湘江以及洞庭湖区主要控制站分别出现历史上第 2、第 3、第 4 高洪水位。

2）灾险情

据统计,全省 14 个市（州）、110 个县（市、区）、1771 个乡镇、1937.22 万人均遭受不同程度的洪涝灾害,部分县（市、区）反复几次受灾,其中永定、永兴、永顺、耒阳、桂阳、道县等县（市、区）受灾较为严重。全省农作物受灾面积 197.65 万 hm²,成灾面积 137.23 万 hm²,绝收面积 55.33 万 hm²,减产粮食 303.25 万 t,倒塌房屋 10.58 万间,因灾死亡 156 人,直接经济损失 146.44 亿元,其中水利设施直接经济损失 36.37 亿元。

（22）2005 年

1）雨水情

5 月底开始,省内自西北部至东南部发生了一次大范围的强降雨过程。强降雨主要发生在湘江、资水、沅江流域的湘潭、邵阳、娄底、益阳、湘西自治州、怀化等地。据气象雨量站实测,新邵潭溪、寸石、坪上 3 地 5 月 31 日 8 时至 6 月 1 日 8 时降雨分别达 197mm,134mm 和 110mm。娄底市从 5 月 30 日晚开始,两日内全市大部分地区降雨在 150mm 以上,涟源市、新化县局部地区降雨达 270mm 以上,尤其是从 5 月 31 日晚开始,涟源市南部荷塘镇枧埠河流域暴雨中心降雨达 200mm 以上,强降雨导致枧埠河流域暴发特大山洪。

2)灾险情

据统计,5 月底开始的强度降雨致使全省 14 个市(州)、61 个县(市、区)、942 个乡镇、1029.113 万人受灾,因灾死亡 100 人,失踪 45 人,因灾倒房 9.39 万间,大量基础设施被毁,直接经济损失 52.31 亿元。其中,遭受"5·31"特大山洪袭击的娄底市涟源、新化、双峰和邵阳市新邵县太芝庙乡、潭府乡等地区共有 78 人死亡、36 人失踪,损失惨重。

(23)2006 年

1)雨水情

汛期,全省平均降雨 929mm,较历年同期均值 944mm 偏少 0.9%,湘江、资水共有 31 站次超过警戒水位,尤其是 7 月中旬发生在湘东南的特大暴雨致使湘江支流耒水发生百年一遇特大洪水,湘江干流水位全线超警戒。6 月 25 日,隆回县遭受特大暴雨山洪袭击,自 6 月 25 日凌晨 2 时 41 分开始降雨,至 16 时完全结束。集中降雨时间为凌晨 3 时 50 分左右至 13 时,9 个多小时降水量达 227mm。7 月 14 日,第 4 号强热带风暴"碧利斯"带来强降雨,7 月 14 日 8 时至 17 日 8 时,全省 3 日累计降水量 50mm、100mm、200mm、300mm、400mm 以上的降雨笼罩面积分别为 8.6 万 km^2、5.4 万 km^2、2.5 万 km^2、0.9 万 km^2、0.4 万 km^2。"碧利斯"带来高强度降雨的暴雨中心全部集中在郴州地区,郴州地区平均面雨量达 300mm,位于暴雨中心之一的耒水流域,平均降雨 330mm。3 日累计雨量最大为东江库区龙溪站 631.8mm,最大 24 小时、12 小时降雨发生在坪石站,分别为 391mm(14 日 14 时至 15 日 14 时)、335mm(15 日 2—14 时),降雨频率均为 500 年一遇,最大 6 小时降雨为汝城文明站 186mm(15 日 2—8 时),降雨频率约为 500 年一遇。

2)灾险情

据统计,汛期全省郴州、衡阳、永州、邵阳、怀化、娄底、株洲、湘潭、长沙、益阳、张家界、岳阳等 12 个市的 85 个县(市、区)、1716 个乡镇、1884 万人受灾,死亡 458 人,其中郴州 399 人、衡阳 27 人、邵阳 17 人、怀化 7 人、株洲 7 人、张家界 1 人,失踪 128 人,倒塌房屋 20.32 万间,先后有隆回、新化、耒阳、汝城、永兴等 5 个县城因严重积水或洪水漫堤受淹,直接经济损失 148.61 亿元。

(24)2007 年

1)雨水情

汛期,全省平均累计降雨 845mm,较历年同期均值 941mm 偏少 10.2%。6 月上旬,湘中以南地区发生了强降雨过程,全省累计平均降雨 63mm,暴雨中心位于湘江支流潇水流域以及湘江上游地区,潇水流域的道县、新田、宁远等地降特大暴雨。7 月中下旬,湘西北沅江、澧水流域出现了强降雨过程,降雨主要集中在澧水和沅江的部分地区,湘西北部分地区连续降中到大雨,局部地区出现暴雨和大暴雨,全省平均降雨 58mm,其中沅江流域降雨 126mm、澧水流域降雨 221mm、资水流域降雨 24mm、洞庭湖区降雨 22mm、湘江流域降雨仅 8mm。8 月下旬,受第 9 号超强台风"圣帕"影响,全省自东向西发生了暴雨和特大暴雨,湘东、湘中及其以南地区旱涝急转,发生了自入汛以来最大的降雨过程,暴雨中心永兴县鲤鱼塘镇 70 小时降雨 863.3mm,频率达 1000 年一遇。受暴雨影响,湘江干流衡山站流量两天内由 400 多 m³/s 陡增到 14500m³/s,水位迅速上涨,一级支流洣水超历史最高水位 0.52m,炎陵、安仁、永兴、攸县、衡东县城河段超历史最高水位。

2)灾险情

据统计,全省洪涝灾害造成 14 个市(州)、91 个县(市、区)、1423 个乡镇、1427.75 万人受灾。灾情较重的市(州)有郴州、衡阳、湘西自治州、怀化、永州;灾情严重的县(市、区)有永兴、资兴、汝城、耒阳、道县、冷水滩、双牌等。全省因灾死亡 15 人,失踪 4 人,其中,郴州因灾死亡 8 人,失踪 3 人;怀化因灾死亡 5 人,失踪 1 人;株洲因灾死亡 1 人;永州因灾死亡 1 人。永兴、汝城、耒阳、道县、冷水滩、双牌等 6 个县级城市进水受淹,倒塌房屋 5.83 万间,直接经济损失 105.77 亿元。

(25)2010 年

1)雨水情

6 月 23—24 日,全省自西北向东南出现了一次强降雨过程,降雨主要集中在湘江流域,湘江水位全线超警,各站点普遍出现超保证水位洪水。湘江支流涟水湘乡站出现洪峰水位 49.17m,超过警戒水位 2.17m,洪峰流量 4350m³/s,洪量为历史最大,洪水频率为 50 年一遇。湘江支流洣水射埠站出现历史第 2 高洪峰水位 49.90m,超过警戒水位 2.90m,洪水频率为 30 年一遇。湘江支流渌水大西滩站出现超历史洪峰水位 54.50m,超过警戒水位 5.00m,洪水频率为 20 年一遇。湘江长沙站 25 日洪峰水位达到 38.46m,超过警戒水位 2.46m。湘江衡山以下发生继 1998 年以来第二大洪水,湘潭以下出现超保证水位洪水。

2)灾险情

此次暴雨洪水过程使全省 10 个市(州)、68 个县(市、区)、855 个乡镇、588 万余人受灾,倒塌房屋 2.93 万间,因灾死亡 4 人,直接经济损失 40.4 亿元。

(26)2016 年

1)雨水情

受超强厄尔尼诺事件影响,全省汛期降雨频繁,雨量偏多,洪涝灾害严重。全省发生 27 次明显降水过程,汛期累计降水量 1132mm,较历年同期均值 950mm 偏多 19.2%。湘北、湘南、湘东降雨较多,仅湘中偏南部分降雨较少,呈"四高一低"分布。三口、四水合计来水总量 1968 亿 m³,较历年同期均值偏多 3.8%,湘、资、沅、澧四水干支流及洞庭湖区主要河道站点水位超警累计 94 站次,洞庭湖区发生区域性大洪水。

2)灾险情

汛期洪涝灾害严重,其中益阳、湘西自治州、怀化、娄底、岳阳、永州、长沙等7个市(州)局地受灾严重,全省有8座小型水库、2座水闸、1处渡槽出现较大险情,发生重大堤防险情3起。强降雨共造成全省14个市(州)、126个县(市、区)(含经开区12个)、1625个乡镇、1003.2万人受灾,因灾死亡27人、失踪1人,转移83.3万人,倒塌房屋2.93万间,农作物受灾面积75.85万hm²,直接经济损失214.18亿元。直接经济损失为1998年以来第3位,近5年来第1位。

(27)2017年

1)雨水情

汛期,全省前后发生了15次暴雨过程。3月下旬,湘江流域发生桃花汛,6月、8月和9月3个月降雨较集中,其中6月全省面平均降雨407.2mm,较历年同期均值偏多91.6%,比历史同期最大降雨(1954年)还多23mm。整个汛期,资水、沅江中下游地区,湘东北部,湘江下游,东洞庭湖地区,澧水上游地区和湘江上游地区为降雨高值区,中心最大点降水量位列前4的分别为浏阳市寒婆坳站2004mm、桑植县八大公山站1869mm、安化县永兴站1699.5mm、江永县大溪源站1661.5mm。1小时、3小时点最大降雨分别为安化县永兴站的113.3mm(8月12日10—11时)、岳阳县岳坊水库站的218mm(8月12日8—11时),6小时、12小时、24小时点最大降雨均出现在宁乡县老粮仓站,分别达到290mm(7月1日5—11时)、316.5mm(7月1日0—12时)、352mm(6月30日12时至7月1日12时),均为历史罕见。

6月22日至7月2日,全省过程累计降雨270mm,降雨超过300mm的笼罩面积为8.8万km²。受强降雨和上游来水影响,四水干支流洪水峰高量大,四水及洞庭湖区共计出现超警戒水位109站次,出现超保证水位29站次,出现超历史最高水位12站次。其中,湘江干流全线超保证水位,1/2河段、10站超历史最高水位,长沙站洪峰水位39.51m,超历史最高水位(1998年)0.33m,洪水重现期为100年一遇。资水干流罗家庙站、桃江站、益阳站出现历史实测第2位高洪水位,其中桃江站洪峰水位与历史最高水位相当。沅江浦市站、桃源站、常德站均出现超保证水位洪水,浦市站超保证水位1.07m,桃源站洪峰流量22100m³/s。城陵矶站洪峰水位34.63m,超保证水位0.08m,排历史实测第5位,超警戒水位持续时间长达299小时。湖区3471km一线防洪大堤全线超警戒水位,1/3堤段超保证水位。洞庭湖最大入、出湖流量分别达81500m³/s(7月1日)、49400m³/s(7月4日),均为1949年以来的最大值。湘江、资水、沅江洪水在洞庭湖形成恶劣组合,发生历史罕见的暴雨洪水。

2)灾险情

暴雨洪水累计造成全省14个市(州)、141个县(市、区)(含经开区等19个)、1889个乡镇、1348.49万人受灾,宁乡、辰溪、祁阳、冷水滩区等32个县级以上城镇受淹,因灾死亡95人,其中因洪涝灾害死亡54人,失踪3人,转移人口194.35万人,倒塌房屋5.73万间,农作物受灾面积 107.49 万 hm²,直接经济损失 524.42 亿元,其中水利设施直接经济损失 104.92 亿元。

特别是 6 月 22 日至 7 月 11 日的洪涝灾害最为严重,受灾人口、转移人口、因洪涝灾害死亡人数、倒塌房屋、农作物受灾面积、直接经济损失占全年洪涝灾损的比例分别为 86%、93%、93%、96%、90%、93%。受强降雨及高位洪水影响,仅"6·22"洪水过程期间就发现险情 6640 处,为 1998 年险情(3.37 万处)的 1/5,其中重大、较大险情 24 处。

(28)2019 年

1)雨水情

汛期,全省先后发生 14 轮暴雨洪水过程,7 轮过程超过 7 天。其中 7 月 6—14 日,全省普降大到暴雨,部分地区大暴雨到特大暴雨,降雨主要集中在湘江和资水中上游,全省累计降水量为 162.9mm,最大为衡阳市 326.9mm,全省降雨超过 200mm、300mm 笼罩面积分别为 6.1 万 km²、2.8 万 km²,点最大降雨为双牌县守木塘站的 857.2mm。受强降雨影响,湘江流域发生特大洪水,资水干流中上游发生超保证水位洪水,全省共出现 80 站次超警、18 站次超保、2 站超历史。特别是湘江干支流洪水在衡山至湘潭段形成恶劣组合,导致衡山站、株洲站、湘潭站洪峰流量分别达 22800m³/s、24100m³/s 和 26300m³/s,各自超历史实测最大流量 2600m³/s,3400m³/s 和 5500m³/s,洪水频率分别达 80 年一遇、100 年一遇和 200 年一遇,洪峰水位分别为 54.17m、44.46m 和 41.42m,洪峰水位分别超保证水位 2.67m、1.46m 和 1.92m,均排名历史第 2 位。

2)灾险情

2019 年暴雨洪水共造成 14 个市(州)、134 个县(市、区)(含经开区等)、786.63 万人受灾,因洪涝灾害死亡(失踪)27 人,紧急转移安置人口 64.92 万人,倒塌房屋 1.77 万间,农作物受灾面积 60.72 万 hm²,水利、交通、通信、电力等基础设施遭受水毁,直接经济损失 216.05 亿元。

(29)2020 年

1)雨水情

汛期,全省先后遭遇 23 轮强降雨过程,累计雨量 1133.4mm,分别较多年同期偏多 26.8%、19.3%。降雨主要集中在 6—7 月,呈北多南少之势,累计雨量 498.5mm,较多年同期偏多 35.9%;湘西自治州、张家界、常德、岳阳、长沙、娄底、益阳北部、株洲北部、怀化中北部平均降水量 665.3mm,较常年偏多 69.1%,居 1961 年以来历史同期第 1 位。6 月 22 日,洪江区桂花园村站 3 小时、6 小时最大降雨分别达 233.6mm、274.9mm,重现期均超 200 年;7 月 7—8 日,岳阳市城区 6 小时、24 小时面降水量分别达 167mm、261.4mm,突破该市自 1952 年有气象记录以来的极值;先后有 14 个县(市、区)最大日降水量突破历史极值。受强降雨及上游来水影响,湘、资、沅、澧四水和洞庭湖河道发生超警戒及以上水位洪水共 92 站次,其中主汛期就有 82 站次,湘江二级支流萌渚水一度发生超历史最高水位洪水。

2)灾险情

受暴雨洪水影响,全省14个市(州)水利工程均有不同程度灾损,全省共损坏中型水库1座、小型水库125座,损坏堤防3506处共372km、护岸6597处、水闸951座、塘坝5955座,水利工程设施损毁直接经济损失29.6亿元。全省因洪涝灾害死亡24人,为近30年以来第5低位,共组织了38万余人进行安全转移。

2.2　山丘区水工程出险情况

2.2.1　1954年以来全省水库垮(漫)坝情况

1954—2020年的67年中,湖南省共垮水库325座,年均4.8座,其中中型水库4座,小(1)型水库41座,小(2)型水库280座。各类水库的垮坝原因、数量及占总数的百分比分别为:洪水漫坝165座,占总数的50.77%;大坝漏水导致垮坝57座,占总数的17.54%;无溢洪道导致垮坝9座,占总数的2.77%;滑坡、坝身沉陷及人工扒口泄洪导致垮坝等94座,占总数的28.92%。67年中,以1973年垮坝40座为最多,其中中型1座(坝未建成),小(1)型5座,小(2)型34座。水库垮坝所造成的损失和影响是十分严重的。浏阳市宝盖洞小(1)型水库于1954年7月25日垮坝,此次水库垮坝共冲淹农田2.84万亩,冲毁房屋2.5万间,因灾死亡477人。

1954年7月23日7时至25日13时,宝盖洞水库共降雨569.6mm,24小时降雨412.5mm,6小时降雨252mm。7月23日7时库水位201.14m,距泄洪道顶高0.656m,7月25日11时30分,库水位上升到205.30m,坝顶开始滚水,12时左右水库垮坝。分析其垮坝原因如下。

(1)降雨强度特大

宝盖洞水库24小时降水量412.5mm,超过历年均值155mm的2.66倍;6小时降水量252mm,为历年均值90mm的2.80倍。

(2)设计标准偏低,施工质量差

宝盖洞水库原设计总库容862万 m^3,洪水漫坝时总库容约1100万 m^3,大坝属四级建筑物,设计洪水标准为30~50年一遇,经溃坝洪水核算达1000年一遇。原设计坝顶高程为205.6m,实际坝顶高程为205.3m,比设计坝顶高程低0.3m。浏阳市境内属全省暴雨区,设计标准明显偏低。湖南省水库垮坝情况统计见表2.2-1。

表2.2-1　　　　　　　　　　　　　湖南省水库垮坝情况统计

水系	河名	县名	水库名称	等级	总库容（万 m^3）	建成时间（年-月）	垮坝时间（年-月-日）	垮坝原因
湘江	浏阳河	浏阳	宝盖洞	小(1)型	862.0	1952	1954-7-25	洪水漫坝
资水	—	洞口	莲塘冲	小(1)型	285.0	1952	1954-5	洪水漫坝

续表

水系	河名	县名	水库名称	等级	总库容（万 m³）	建成时间（年-月）	垮坝时间（年-月-日）	垮坝原因
珠江	力头源河	江永	上力头源	小(2)型	57.5	1953-10	1954-5	洪水漫坝
澧水	阳河	慈利	夹石	小(2)型	11.0	1952-9	1954-4	—
沅江	武水	吉首	岩洞	小(2)型	13.0	1952-9	1954-5	洪水漫坝
湘江	—	桂东	文昌	小(2)型	25.0	1952-9	1956-5	洪水漫坝
沩水	—	宁乡	古塘	小(2)型	15.0	1952-9	1956-5	洪水漫坝
湘江	消水	江华	龟山	小(2)型	21.0	1953	1957	洪水漫坝
沅江	武水	吉首	龙洞	小(2)型	18.7	1953	1957-6	洪水漫坝
沅江	酉水	古丈	红旗	小(1)型	120.0	1953	1958-7	洪水漫坝
资水	—	新宁	甘家	小(2)型	18.0	1953	1958-6	洪水漫坝
湘江	消水	江华	螺丝塘	小(2)型	21.0	1953	1958	洪水漫坝
湘江	春陵水	宁远	黄龙头	小(2)型	50.0	1956-12	1958-3	—
浏阳河	—	浏阳	磨刀坑	小(2)型	16.0	1956-12	1958-5	—
汨罗江	—	平江	新龙	小(1)型	106.0	1956	1959-5	涵管破裂
洞庭湖	小支	汉寿	儒雅桥	小(1)型	127.0	1956	1959-6	涵管损毁，冲破坝体
湘江	消水	道县	联合	小(1)型	230.0	1956	1959-5-4	洪水漫坝
资水	—	安化	刘家冲	小(2)型	12.0	1956	1959-6	洪水漫坝
湘江	—	祁东	大古元	小(2)型	57.0	1956	1959-7	洪水漫坝
湘江	春陵水	宁远	桂里元	小(2)型	56.0	1956	1959-8	洪水漫坝
北江	—	临武	青年	小(2)型	14.0	1956	1959-6	洪水漫坝
湘江	春陵水	嘉禾	石谷元	小(2)型	70.0	1956	1959-7	洪水漫坝
资水	夫夷水	新宁	戴家桥	小(2)型	15.0	1956	1959-4	洪水漫坝
沅江	—	黔阳	新家冲	小(2)型	18.0	1957-11	1959-6	洪水漫坝
沅江	—	黔阳	梅子园	小(2)型	18.0	1957-11	1959-6	洪水漫坝
沅江	—	黔阳	凉水坳	小(2)型	10.0	1955-4	1959-6	洪水漫坝
沅江	酉水	古丈	六厂	小(2)型	11.7	1957	1959-6	漏水垮坝
沅江	酉水	永顺	万能	小(2)型	14.0	1957	1959-4	滑坡垮坝
沅江	酉水	永顺	烂泥湾	小(2)型	38.0	1957	1959-4	洪水垮坝
沅江	酉水	永顺	杨柳湾	小(2)型	10.0	1957	1959-5	洪水漫坝
湘江	春陵水	嘉禾	三百澄	小(1)型	150.0	—	1960-6	洪水漫坝
湘江	春陵水	新田	大坝	小(1)型	221.0	—	1960	滑坡垮坝
湘江	—	祁阳	楠木坨	小(1)型	119.0	—	1960-5	洪水漫坝

水系	河名	县名	水库名称	等级	总库容 （万 m³）	建成时间 （年-月）	垮坝时间 （年-月-日）	垮坝原因
沅江	潕水	芷江	千斤	小(2)型	18.5	1959-11	1960-6	洪水漫坝
湘江	消水	宁远	中心江	小(1)型	500.0	1959	1961	洪水漫坝
沅江	巫水	绥宁	虾子漆	小(1)型	200.0	1959	1961-4-21	涵洞开裂漏水
湘江	—	常宁	川塘	小(2)型	10.8	1959	1961-6-23	坝身穿孔垮坝
湘江	耒水	郴县	梅山	小(2)型	13.0	—	1961-6	洪水漫坝
湘江	耒水	资兴	长塘	小(2)型	10.0	—	1961-6	洪水漫坝
沅江	溆水	溆浦	双溪	小(2)型	25.0	1958-9	1961	漏水垮坝
湘江	耒水	资兴	打鼓塘	小(2)型	20.0	1958	1961-3-15	洪水漫坝
洞庭湖	小支	湘阴	邓家垅	小(2)型	15.0	1958	1961-9	坝基漏水垮坝
资水	—	益阳	徐家冲	小(2)型	10.0	1958	1961-9	洪水漫坝
资水	—	益阳	高洞	小(2)型	50.0	1958	1961-9	洪水漫坝
湘江	蒸水	衡南	卫星	小(1)型	537.0	1958	1962-4-25	—
湘江	春陵水	嘉禾	高寨	小(1)型	103.0	—	1962-6	滑坡垮坝
湘江	渌水	攸县	皮冲	小(2)型	12.0	1959-11	1962-5-29	滑坡垮坝
湘江	渌水	攸县	大坝	小(2)型	16.0	1959	1962	滑坡垮坝
湘江	渌水	攸县	湾龙	小(2)型	20.0	1959	1962	滑坡垮坝
湘江	渌水	攸县	水浸冲	小(2)型	10.0	1959	1962	滑坡垮坝
湘江	渌水	攸县	大塘冲	小(2)型	12.0	1959-11	1962-5-29	洪水漫坝
湘江	渌水	攸县	安全	小(2)型	10.0	1959-11	1962	洪水漫坝
澧水	道水	临澧	余市	小(2)型	11.0	1957-10	1962-5	洪水漫坝
澧水	道水	临澧	龙口峪	小(2)型	13.0	1954-10	1962-5	洪水漫坝
北江	乐水	宜章	李家塘	小(2)型	10.0	1954	1962-6	洪水漫坝
沩水	小支	宁乡	秦塘	小(2)型	24.0	1954	1963-7	洪水漫坝
湘江	洣水	衡东	两命塘	小(2)型	13.0	1954	1963-5	洪水漫坝
湘江	洣水	衡东	鹤形塘	小(2)型	14.3	—	1963	洪水漫坝
湘江	洣水	衡东	大兴	小(2)型	12.0	—	1963	洪水漫坝
巫水	支流	城步	牛岗冲	小(2)型	14.0	—	1963	洪水漫坝
湘江	涟水	湘乡	中石	小(2)型	26.0	—	1964-5	内坡滑坡垮坝
洞庭湖	新墙河	岳阳	万倍	小(2)型	10.0	—	1964-5	洪水漫坝
资水	—	桃江	台家冲	小(2)型	11.0	—	1964-8	洪水漫坝
湘江	消水	江华	箭上	小(2)型	23.0	1959-3	1964-8	洪水漫坝
资水	夫夷水	新宁	响水滩	小(2)型	12.0	1959	1964-5	洪水漫坝

续表

水系	河名	县名	水库名称	等级	总库容 （万 m³）	建成时间 （年-月）	垮坝时间 （年-月-日）	垮坝原因
澧水	—	石门	黄沙溪	小（1）型	352.0	1959	1965-6	洪水漫坝
资水	—	隆回	群力	小（1）型	342.0	1959	1965-6-7	溢洪道被冲毁
沅江	—	沅陵	小龙溪	小（2）型	12.5	1959-8	1965-5	洪水漫坝
沅江	酉水	永顺	心印	小（2）型	20.0	1959-8	1965-8	洪水漫坝
湘江	芦江	东安	新江	小（2）型	22.0	1959-11	1965-6-8	洪水漫坝
湘江	芦江	东安	白竹	小（2）型	12.0	1959	1965-6-13	洪水漫坝
湘江	小支	零陵	邓古塘	小（1）型	100.0	1959	1966-4	洪水漫坝
沅江	酉水	凤凰	王龙	小（1）型	102.0	1959	1966	洪水漫坝
长江	长安	临湘	晏木港	小（1）型	216.0	1965	1966-6-28	—
长江	白泥湖	临湘	曹家冲	小（1）型	130.0	1965	1966-6-29	—
沅江	小支	黔阳	胡琴塘	小（2）型	24.6	1965	1966-6	—
北江	武水	临武	泉坑	小（2）型	32.0	1965	1966-6	—
湘江	涓水	湘潭	景泉	小（2）型	24.7	1958	1966-3	大坝右端漏水
湘江	—	祁阳	红泥坑	小（2）型	19.8	1958	—	洪水漫坝
新墙河	龙港	岳阳	刘家湾	小（2）型	60.0	1958	—	洪水漫坝
新墙河	龙港	岳阳	九峰	小（2）型	20.0	—		堤身管涌垮坝
新墙河	鱼形	岳阳	钓鱼洞	小（2）型	10.0	—		上游垮坝
沅江	潕水	芷江	枫木坪	小（2）型	32.0	1965-12	—	
湘江	消水	江华	草岭	中型	1245.0	—	—	坝修至 9m 停工致垮坝
沅江	小支	泸溪	岩门溪	中型	1100.0	—	—	
沅江	—	靖县	飞仙	小（1）型	668.0	1957-10	—	
湘江	小支	祁阳	文家冲	小（1）型	170.0	1957	—	洪水漫坝
沅江	—	泸溪	张中龙	小（2）型	20.0	1957	—	洪水漫坝
沅江	酉水	永顺	先锋	小（2）型	25.0	—	—	洪水漫坝
沅江	酉水	永顺	岩门口	小（2）型	12.0		1967-5	洪水漫坝
沅江	酉水	保靖	董格	小（2）型	20.0		1967-6	洪水漫坝
资水	小支	新邵	毛畬	小（2）型	12.5	1959-3	1967-6	坝身漏水
资水	—	邵阳	鸭婆井	小（2）型	11.0	1957-8	1967-6-20	溢洪道被冲毁
湘江	耒水	永兴	陈排	小（2）型	27.0	1965	1967	涵洞漏水
湘江	消水	江华	盘塘	小（2）型	16.0	1965	1967-6-20	洪水漫坝
湘江	芦江	东安	立新	小（2）型	15.0	1966-10	1967-7-5	洪水漫坝

水系	河名	县名	水库名称	等级	总库容（万 m³）	建成时间（年-月）	垮坝时间（年-月-日）	垮坝原因
湘江	—	零陵	山塘	小(2)型	39.0	1966	1967-7	洪水漫坝
湘江	洣水	茶陵	茶冲	小(2)型	46.0	1966	1967-6	洪水漫坝
湘江	洣水	茶陵	田背垅	小(2)型	11.0	1966	1967-6-25	洪水漫坝
沅江	渠水	通道	水渡	小(2)型	16.0	—	1967-5-11	—
湘江	消水	道县	西渡	小(1)型	460.0	—	1968-6-20	坝身漏水
浏阳河	小支	浏阳	仙游	小(2)型	12.0	—	1968-6	洪水漫坝
洣水	永乐江	攸县	九岭	小(2)型	36.0	1956-11	1968-6-7	坝身漏水
洣水	小支	鄑县	两季坑	小(2)型	11.0	1956	1968-7	洪水漫坝
湘江	消水	江华	邢岩冲	小(2)型	10.0	1956	1968	洪水漫坝
湘江	耒水	耒阳	老屋坪	小(2)型	30.0	1956	1968-6	洪水漫坝
湘江	耒水	郴县	塔下	小(2)型	16.0	1955	1968-6-17	—
湘江	耒水	桂东	南岭	小(2)型	20.0	1955	1968-6	—
资水	夫夷水	新宁	马家冲	小(2)型	25.0	1955	1968-5	洪水漫坝
沅江	酉水	保靖	桐吉沟	小(2)型	18.0	1955	1968-7	洪水漫坝
沅江	酉水	永顺	作湖	小(2)型	12.0	1955	1968-12	滑坡垮坝
捞刀河	沙河	汨罗	桥坪	小(1)型	375.0	1958	1968-8-11	滑坡垮坝
资水	小支	桃江	虎形	小(1)型	240.0	1958	1969-8	洪水漫坝
湘江	春陵水	嘉禾	邝家一库	小(1)型	125.0	1958	1969-6	滑坡垮坝
资水	小支	安化	浮力溪	小(1)型	212.0	1958	1969-8	溢洪道被冲毁溃坝
沩水	小支	宁乡	望北	小(2)型	11.0	—	1969-8	洪水漫坝
资水	—	桃江	牛角洞	小(2)型	12.0	1966	1969-9	—
资水	—	益阳	接城庵	小(2)型	40.0	1966	1969-7-2	坝身漏水滑坡
资水	—	安化	楠木	小(2)型	45.6	1966	1969-8-9	洪水漫坝
湘江	—	常宁	罗田	小(2)型	25.8	1966	1969-4-25	坝身漏水
湘江	石期河	零陵	大山塘	小(2)型	12.0	1958	1969-7	洪水漫坝
北江	武水	宜章	巩桥	小(2)型	20.0	1958	1969-6	洪水漫坝
北江	武水	临武	大岭	小(2)型	13.0	1958	1969-8	洪水漫坝
北江	武水	临武	十字	小(2)型	24.0	1958	1969-6	洪水漫坝
北江	武水	临武	上洞	小(2)型	35.0	1958	1969-6	洪水漫坝
沅江	小支	怀化	熊家垅	小(2)型	10.0	1958	1969-6	洪水漫坝
沅江	—	怀化	忙冬溪	小(2)型	11.0	1958	1969-8	洪水漫坝

续表

水系	河名	县名	水库名称	等级	总库容 （万 m³）	建成时间 （年-月）	垮坝时间 （年-月-日）	垮坝原因
沅江	—	怀化	船溪	小（2）型	50.0	1958	1969	洪水漫坝
沅江	—	怀化	宋背溪	小（2）型	25.0	1965	1969	洪水漫坝
沅江	—	怀化	大王垅	小（2）型	50.0	1965	1969	洪水漫坝
沅江	—	怀化	周家湾	小（2）型	22.0	1965	1969	洪水漫坝
沅江	—	怀化	宝介溪	小（2）型	16.0	1965	1969-8	洪水漫坝
湘江	—	东安	龙溪	小（1）型	118.4	1965	1970-4-3	坝身山坡漏水
浏阳河	小支	浏阳	松江	小（2）型	12.0	—	1970-6	洪水漫坝
湘江	—	常宁	群英	小（2）型	29.0	1958	1970-7-20	洪水漫坝
湘江	石期河	零陵	黑沟槽	小（2）型	11.4	—	1970-5	洪水漫坝
资水	小支	邵阳	天门坝	小（2）型	30.0	1956-8	1970-5	洪水漫坝
澧水	小支	大庸	牛角洞	小（2）型	72.0	—	1970-7	洪水漫坝
澧水	茅溪	大庸	水溪峪	小（2）型	15.0	1966-12	1970-6	洪水漫坝
澧水	岩口	大庸	凤东峪	小（2）型	15.0	1964-11	1970-7	洪水漫坝
沅江	马头溪	大庸	纸楷湾	小（2）型	36.0	1968-10	1970-7	洪水漫坝
湘江	消水	江永	三竹园	小（2）型	10.0	—	1971	洪水漫坝
湘江	消水	宁远	木炭矿	小（2）型	10.0	—	1971	洪水漫坝
湘江	消水	双牌	向阳	小（1）型	117.0	—	1972-4.4	洪水漫坝
湘江	石期河	零陵	石坝子	小（1）型	140.0	1967-2	1972-5	涵洞漏水垮坝
新墙河	小支	岳阳	横来	小（2）型	24.0	—	1972-6	坝身漏水
澧水	—	石门	桃垭	小（2）型	12.0	—	1972-5	洪水漫坝
洞庭湖	小支	汉寿	泉水冲	小（2）型	20.0	1951-10	1972-5	洪水漫坝
湘江	蒸水	衡南	大鱼	小（2）型	19.0	—	1972-6	漏水垮坝
湘江	耒水	汝城	良田	小（2）型	22.0	—	1972-3	洪水漫坝
沅江	溆水	溆浦	亮坳	小（2）型	30.0	—	1972	洪水漫坝
湘江	消水	宁远	凤仙桥	中型	1060.0	—	1973-8-15	洪水漫顶
资水	小支	邵阳	杨家	小（1）型	104.0	1965-3	1973-5-23	洪水漫坝
湘江	洣水	安仁	荷叶塘	小（1）型	198.0	1956-12	1973-5-13	洪水漫坝
湘江	渌水	醴陵	藕塘	小（1）型	531.0	—	1973-6-6	坝身开裂漏水
沅江	小支	沅陵	岩溪沟	小（1）型	135.0	—	1973-6-24	坝身开裂漏水
沅江	潕水	芷江	田家溪上	小（1）型	272.0	1972-10	1973-6-24	洪水漫坝
沅江	潕水	芷江	田家溪下	小（2）型	65.0	1972-10	1973-6-24	洪水漫坝
汨罗江	小支	平江	高芦	小（2）型	10.0	1971	1973-3-1	坝身漏水

水系	河名	县名	水库名称	等级	总库容（万 m³）	建成时间（年-月）	垮坝时间（年-月-日）	垮坝原因
汨罗江	小支	平江	石笋	小(2)型	17.0	1971	1973-4-11	坝身漏水
汨罗江	小支	平江	杨司	小(2)型	12.0	1957	1973-5-18	洪水漫坝
沅江	溆水	溆浦	下马冲	小(2)型	10.0	1965	1973-4-1	溢洪道被冲毁垮坝
沅江	溆水	溆浦	亮坳	小(2)型	24.0	1965	1973-5-7	洪水漫坝
沅江	酉水	永顺	王家湾	小(2)型	46.0	1965	1973-6-25	大坝严重漏水
沅江	酉水	永顺	洞坎	小(2)型	13.0	1965	1973-4-16	洪水漫坝
沅江	小支	怀化	甲条溪	小(2)型	10.0	1965	1973-5-6	洪水漫坝
澧水	小支	大庸	石碑峪	小(2)型	50.0	1965	1973-4-16	洪水漫坝
澧水	小支	大庸	龚家老	小(2)型	10.0	1965	1973-6-23	洪水漫坝
湘江	洣水	衡东	达底冲	小(2)型	10.5	1965	1973-5-15	坝身漏水
湘江	洣水	衡东	蛇形咀	小(2)型	50.6	1965	1973-5	洪水漫坝
湘江	—	衡山	能仁寺	小(2)型	68.8	1965	1973-6-14	坝身漏水
资水	小支	新宁	满竹山	小(2)型	51.3	1958	1973-6-25	洪水漫坝
沅江	—	常德	洞泉灌	小(2)型	38.0	1958	1973-5-17	坝身漏水
沅江	—	常德	阳林坡	小(2)型	17.2	1958	1973-6	—
资水	邵水	邵东	白泥塘	小(2)型	13.6	1958	1973-4-26	洪水漫坝
资水	赧水	武岗	东旗	小(2)型	17.0	1958	1973-4-26	—
湘江	浦水	江永	牛咀	小(2)型	11.6	1958	1973-4-4	溢洪道导墙漏水冲垮坝体
资水	—	新化	大新	小(2)型	20.0	1971-3	1973-5-7	坝身漏水
湘江	洣水	攸县	双瓦	小(2)型	20.0	1971-3	1973-7-5	洪水漫坝
湘江	石期河	东安	斗山	小(2)型	55.5	1971-3	1973-6-25	溢洪道被冲毁
资水	—	隆回	划船	小(2)型	18.0	1971-3	1973-6-1	洪水漫坝
沅江	—	新晃	高寨	小(2)型	10.0	1971-3	1973-6-24	坝身漏水
新墙河	小支	岳阳	长冲	小(2)型	50.0	1971-3	1973-5-17	—
沅江	小支	沅陵	雷公洞	小(2)型	80.0	1971-3	1973-6-23	洪水漫坝
沅江	—	沅陵	岩底溪	小(2)型	25.0	—	1973-6-24	洪水漫坝
湘江	捞刀河	长沙	东湖	小(2)型	22.0	—	1973-6-25	坝身与岸坡结合处漏水
湘江	小支	株洲	木石塘	小(2)型	15.5	—	1973-6-25	—

续表

水系	河名	县名	水库名称	等级	总库容 （万 m³）	建成时间 （年-月）	垮坝时间 （年-月-日）	垮坝原因
湘江	小支	株洲	高坝	小（2）型	33.4	—	1973-6-25	溢洪道过水 冲垮坝脚
沩水	小支	宁乡	泉塘	小（2）型	13.0	—	1973-6-25	—
汨罗江	小支	汨罗	东排	小（2）型	14.4	1957	1973-4-25	坝端漏水
浏阳河	小支	浏阳	磅壁洞	小（2）型	36.0	—	1973-6-24	坝身漏水
沅江	—	黔阳	禾梨坳	小（2）型	27.0	1957-11	1974-7-12	洪水漫坝
沅江	—	辰溪	寒溪	小（2）型	21.0	1971-10	1974-6-3	库内山崩
沅江	—	辰溪	梅子溪	小（2）型	16.0	1956-10	1974-6-30	—
资水	—	新化	石兵	小（2）型	10.5	—	1974-6-29	洪水漫坝
资水	—	新化	伍家	小（2）型	24.0	1959-9	1974-6-29	溢洪道泄洪 冲垮大坝
湘江	消水	道县	石沆冲	小（2）型	14.0	1959-9	1974-6-26	溢洪道泄洪 冲垮大坝
沩水	—	宁乡	大塘	小（2）型	24.0	1959-9	1974-7-19	洪水漫坝
沅江	—	怀化	灿烂冲	小（2）型	25.0	1959-9	1974-5-28	洪水漫坝
沅江	—	怀化	驴头冲	小（2）型	15.0	1959-9	1974-5-28	洪水漫坝
沅江	溆水	溆浦	柿叶塘	小（2）型	40.0	—	1974-7-7	坝身滑坡
沅江	酉水	凤凰	白石咀	小（2）型	31.0	—	1974-5-5	溢洪道导墙 漏水冲垮坝体
澧水	道水	临澧	山伏峪	小（2）型	19.3	1973-10	1974-6	大坝溃决
沅江	酉水	龙山	半偢	小（2）型	21.0	1973-10	1974-6-19	洪水漫坝
沅江	辰水	麻阳	洞脑上	小（2）型	11.0	1973-10	1974-5-27	坝身漏水
湘江	春陵水	桂阳	长板冲	小（2）型	30.0	1973-10	1974-6-27	洪水漫坝
资水	—	桃江	牛角洞	小（2）型	10.0	1973-10	1974-6-29	坝身滑落
湘江	渌水	攸县	山关	小（1）型	250.0	1972-12	1975-8-5	洪水漫坝
湘江	耒水	资兴	角泉	小（2）型	10.0	1972-12	1975-6-6	洪水漫坝
湘江	消水	江永	盐下	小（2）型	52.0	1972-12	1975-4-26	大坝开裂漏水
湘江	消水	江永	早禾冲	小（2）型	13.0	—	1975-5-12	坝身滑坡
沅江	酉水	花垣	川洞	小（2）型	40.0	—	1975-6-16	
湘江	消水	江华	青山庙	小（2）型	13.0	—	1975-4-26	洪水漫坝
湘江	消水	江华	黄众塘	小（2）型	12.0	—	1975-4-26	溢洪道被冲毁
湘江	渌水	醴陵	下山江	小（2）型	60.0	1970-8	1975-8-5	洪水漫坝

续表

水系	河名	县名	水库名称	等级	总库容（万 m³）	建成时间（年-月）	垮坝时间（年-月-日）	垮坝原因
湘江	—	零陵	丁塘	小(2)型	27.0	1956-3	1975-5-19	坝身滑坡
湘江	洣水	攸县	界头	小(2)型	50.0	1965-10	1975-8-5	洪水漫坝
湘江	洣水	攸县	炉下冲	小(2)型	20.0	1965-10	1975-8-5	洪水漫坝
湘江	洣水	攸县	广治	小(2)型	10.0	1965-10	1975-8-5	洪水漫坝
沩水	小支	宁乡	千斤	小(2)型	10.0	1965-10	1975-7-3	坝身滑坡
沅江	渠水	会同	杨溪	小(2)型	10.0	—	1975-5-10	洪水漫坝
沅江	—	沅陵	斗蓬溪	小(2)型	16.0	—	1975-4-27	洪水漫坝
湘江	耒水	汝城	革命	小(1)型	108.0	—	1976-6-18	大坝开裂外坡滑坡
湘江	—	祁阳	正冲垞	小(2)型	21.0	—	1976-7-8	溢洪道导墙倒塌垮坝
湘江	—	祁阳	横冲塘	小(2)型	24.0	—	1976-5-5	坝身滑坡
沅江	—	桃源	笋子溪	小(2)型	18.6	1957-11	1976-7	洪水漫坝
澧水	—	大庸	徐家溪	小(2)型	62.0	—	1976-7	—
沅江	—	沅陵	眉眼溪	小(2)型	16.0	—	1976-6-7	—
沅江	酉水	保靖	黄龙山	小(2)型	13.0	—	1976-6-24	坝身滑坡
湘江	—	祁阳	公珍墙	小(2)型	10.0	—	1976-7-9	溢洪道侧墙倒塌
湘江	耒水	资兴	古塘	小(2)型	15.0	1957-10	1976-5-15	坝身滑坡
湘江	消水	江永	上马坪	小(2)型	16.0	1957-10	1976-7-11	洪水漫坝
湘江	石期河	东安	兰坝	小(2)型	12.0	1957-10	1976-7-12	坝身漏水
湘江	洣水	茶陵	岩鹰咀	小(2)型	16.0	—	1976-7-9	洪水漫坝
湘江	洣水	茶陵	狮子龙	小(2)型	15.0	—	1976-7-9	洪水漫坝
湘江	洣水	茶陵	跨里	小(2)型	20.0	—	1976-7-9	洪水漫坝
湘江	耒水	汝城	河江口	小(2)型	10.0	—	1976-4-12	坝身滑坡
资水	—	新化	栗山	小(2)型	15.0	1954-9	1977-6-19	涵洞与坝身连接处漏水
资水	—	安化	白茅溪	小(2)型	40.0	—	1977-4-14	溢洪道被冲毁
资水	—	安化	金家冲	小(2)型	60.0	—	1977-6-13	溢洪道被冲毁
沅江	酉水	永顺	双坝	小(2)型	10.0	—	1977-7-23	外坡滑坡
沅江	酉水	永顺	铜板溪	小(2)型	11.0	—	1977-7-27	坝身漏水
沅江	—	沅陵	岩湾	小(2)型	24.0	—	1977-6-15	洪水漫坝
沅江	—	沅陵	金岭山	小(2)型	10.0	—	1977-7-19	洪水漫坝

水系	河名	县名	水库名称	等级	总库容 （万 m³）	建成时间 （年-月）	垮坝时间 （年-月-日）	垮坝原因
沅江	—	泸溪	关门田	小（2）型	22.0	—	1977-6-30	—
沅江	—	桃源	檀木溪	小（2）型	25.0	1970-9	1978-8-29	溢洪道拦栅阻水
湘江	消水	道县	勤俭	小（2）型	12.0	—	1978-5-16	坝身漏水
洞庭湖	小支	汉寿	左右冲	小（2）型	62.0	1958-12	1978-7-16	坝顶开口放水 灌田，垮坝
资水	—	新化	堵水塘	小（2）型	12.0	1975-5	1978-5-30	洪水漫坝
资水	—	益阳	松塘	小（1）型	148.0	1975-5	1979-5-9	
沅江	巫水	城步	林家冲	小（2）型	34.3	—	1979-6-12	坝身滑坡
沅江	—	辰溪	高岩坎	小（2）型	19.0	—	1979-6-24	
湘江	石期河	东安	五龙	小（2）型	60.0	—	1979-6-24	坝端漏水
汨罗江	小支	平江	龙跃	小（2）型	40.0	—	1979-7-21	洪水滑坡
沅江	—	辰溪	云山	小（2）型	60.0	1959-11	1979-6-25	洪水滑坡
松滋	—	澧县	圣竹	小（2）型	12.0	1978-12	1979-6-25	洪水滑坡
沅江	—	沅陵	联合	小（2）型	10.8	1972-3	1979-6-26	洪水滑坡
沅江	—	溆浦	蔡斗溪	小（2）型	10.8	1975-10	1979-6-27	坝身漏水
沅江	—	怀化	老马田	小（2）型	15.9	1974-10	1979-6-27	洪水漫坝
沅江	—	新晃	太阳山	小（2）型	14.4	1978-9	1979-6-5	坝身滑坡
沅江	—	新晃	礼广冲	小（2）型	12.0	1978-9	1979-6-5	坝身滑坡
资水	辰河	隆回	对江	小（1）型	131.5	1971-12	1980-4-29	滑坡垮坝
湘江	涓水	湘潭	青石	小（2）型	11.5	1958	1980-5-1	坝身滑坡
澧水	雷家河	慈利	打几岩	小（2）型	14.0	1974-9	1980-5-31	洪水滑坡
沅江	—	沅陵	国庆	小（2）型	28.0	1959-11	1980-6-13	坝身漏水
沅江	—	沅陵	涂溪	小（2）型	12.0	1978-11	1980-6-13	洪水滑坡
澧水	—	桑植	赤石坪	小（2）型	11.0	1973-10	1980-8-2	洪水滑坡
松滋	—	澧县	竹林溪	小（2）型	30.0	1976-12	1980-8-2	洪水滑坡
沅江	酉水	永顺	王家湾	小（2）型	20.0	—	1980-8-5	坝身滑坡垮坝
资水	—	桃江	牛角洞	小（2）型	18.0	—	1980-8-11	洪水漫坝
湘江	耒水	郴县	大新	小（1）型	108.0	1979-11	1981-7-25	洪水漫坝
沅江	酉水	永顺	老屋湾	小（2）型	10.0	—	1981-6-27	洪水漫坝
湘江	蒸水	衡南	响鼓岭	小（2）型	20.0	—	1981-4-9	坝身漏水
湘江	春陵水	桂阳	白田	小（2）型	16.0	—	1981-4-13	涵管漏水
湘江	芦江	东安	黄江	小（2）型	30.0	1966-11	1981-6-29	洪水漫坝

续表

水系	河名	县名	水库名称	等级	总库容（万 m³）	建成时间（年-月）	垮坝时间（年-月-日）	垮坝原因
湘江	涟水	涟源	梓木	小(1)型	120.0	1974-9	1982-8-22	管涌坝体下沉
湘江	捞刀河	长沙	老毛冲	小(2)型	14.0	—	1982-6-17	洪水漫坝
湘江	洣水	茶陵	龙潭	小(2)型	19.6	—	1982-6-17	洪水漫坝
湘江	洣水	茶陵	石斗里	小(2)型	22.0	—	1982-6-17	洪水漫坝
湘江	洣水	茶陵	跨里	小(2)型	13.0	—	1982-6-18	洪水漫坝
湘江	洣水	茶陵	上颜前	小(2)型	12.0	—	1982-6-19	滑坡垮坝
湘江	洣水	茶陵	下颜前	小(2)型	15.0	—	1982-6-19	—
湘江	洣水	茶陵	大皮冲	小(2)型	26.0	—	1982-6-18	管涌垮坝
资水	—	邵阳	石冲	小(2)型	11.0	—	1982-6-17	洪水漫坝
湘江	洣水	攸县	两头冲	小(2)型	10.0	—	1982-6-18	洪水漫坝
沅江	—	通道	溪料	小(2)型	12.0	1976-11	1983-6-21	洪水漫坝
资水	—	新邵	长冲	小(2)型	13.5	1958-2	1983-5-11	溢洪道被冲毁
湘江	—	攸县	马尾塘	小(2)型	26.0	—	1983-6-21	溢洪道被冲毁
汨罗江	—	平江	周家洞	小(2)型	26.0	1978	1983-7-9	洪水漫坝
湘江	小支	望城	格塘	中型	1026.0	—	1984-6-11	—
湘江	蒸水	衡南	郑家村	小(2)型	17.0	—	1984-5-31	洪水漫坝
湘江	蒸水	衡南	过路塘	小(2)型	43.3	—	1984-5-31	洪水漫坝
资水	邵水	邵市郊	彩塘	小(2)型	26.0	1958-12	1984-4-15	卧管涌水
资水	邵水	冷水滩	太洲	小(2)型	17.5	1964-10	1986-5-10	涵管漏水
湘江	石期河	东安	永坝	小(2)型	20.4	—	1987-5-27	涵管漏水
资水	—	新邵	大坪虾	小(2)型	12.5	1959-3	1988-7-7	坝身管涌
澧水	—	大庸	吴家溶	小(2)型	27.0	—	1988-9-9	涵管漏水
湘江	上河	宜章	廖家	小(2)型	11.5	1957	1989-5-13	洪水漫坝
湘江	湄水	涟源	四新	小(1)型	191.0	1970-10	1990-6-15	溢洪道被冲毁
汨罗江	小支	平江	板桥洞	小(2)型	12.5	—	1990-6-15	洪水漫坝
沩水	小支	宁乡	大坝塘	小(2)型	21.1	—	1990-6-22	坝身管涌垮坝
沅江	—	泸溪	唐家坨	小(2)型	14.0	—	1990-6-14	涵管漏水
沅江	—	沅陵	洞门口	小(2)型	10.0	1977-9	1990-6-14	洪水漫顶
沅江	辰水	辰溪	盖子坳	小(2)型	10.7	1956-8	1990-6-17	涵管漏水
资水	汝溪	新化	洞里坝	小(2)型	28.5	1971-12	1990-6-15	洪水漫顶
资水	—	安化	李子坳	小(2)型	12.5	—	1990-6-12	洪水漫顶
湘江	—	冷水滩	界牌	小(2)型	9.0	—	1992-7	—

续表

水系	河名	县名	水库名称	等级	总库容（万 m³）	建成时间（年-月）	垮坝时间（年-月-日）	垮坝原因
湘江	—	临武	大冲山	小(2)型	17.4	—	1994-6-16	洪水漫顶
湘江	—	祁阳	石马塘	小(2)型	10.0	—	1994-6-17	洪水平坝顶
湘江	—	衡南	石门口	小(2)型	18.0	—	1994-8-5	洪水平坝顶
湘江	—	冷水滩	沙子塘	小(2)型	12.0	—	1994-8-6	洪水漫顶
湘江	—	祁阳	黄泥塘	小(2)型	29.2	—	1994-8-6	洪水漫顶
湘江	—	衡阳	樟树冲	小(2)型	13.5	—	1994-8-13	洪水漫顶
湘江	—	嘉禾	百担禾田	小(2)型	15.0	—	1994-8-19	坝身管涌垮坝
资水	—	新宁	马家冲	小(2)型	38.1	—	1994-8-6	洪水漫顶
湘江	—	娄底市	团结	小(2)型	21.0	—	1995-7-3	外坡滑坡
澧水	—	永定区	童家峪	小(2)型	13.0	—	2002-6-20	主坝冲毁
沅江	—	永顺	中坪	小(2)型	37.8	—	2003-7-10	洪水漫坝
湘江	洣水	安仁	龙源	小(1)型	271.5	—	2006-7-15	洪水漫坝
新墙河	—	岳阳	廖段	小(2)型	11.5	—	2011-6-10	洪水漫坝
新墙河	—	岳阳	车洞	小(2)型	17.9	—	2011-6-10	洪水漫坝
新墙河	—	临湘	栗垅	小(2)型	10.0	—	2011-6-10	洪水漫坝
资水	—	桃江	八斗村	小(2)型	16.9	1973-12	2012-5-25	外坡滑坡
湘江	—	茶陵	铁落冲	小(2)型	10.4	—	2019	滑坡
湘江	—	茶陵	龙潭	小(2)型	11.0	—	2019	滑坡

注："—"表示未知或未测。

2.2.2　2011—2020 年涵闸、堤防出险情况

（1）涵闸

2011—2020 年湖南省涵闸出险情况统计见表 2.2-2。

表 2.2-2　　　　　　2011—2020 年湖南省涵闸出险情况统计

工程名称	工程所在地	工程所在河流	出险时间（年-月-日）	出险位置	险情类别	险情描述
岳纸四号闸	云溪区	长江	2012-7-12	启闭台、排架柱及人行便桥	涵闸损毁	货轮撞击致涵闸损毁
鸭栏电排闸	临湘市	长江	2012-7-27	压力水箱	渗漏	压力水箱与箱涵连接处出现裂缝,长江高洪水位压力所致

工程名称	工程所在地	工程所在河流	出险时间（年-月-日）	出险位置	险情类别	险情描述
五花洲电排	沅江市	洞庭湖	2012-7-19	闸立井盖板	溢水	闸门闭合不严所致
胜利排水闸	沅江市	洞庭湖	2012-7-20	闸门	漏水	闸门闭合不严所致
苏湖头进水闸	沅江市	洞庭湖	2012-7-28	水闸 113＋236 处	管涌	管身沉陷不均使伸缩缝断裂，裂缝处出现管涌
红旗电排	沅江市	洞庭湖	2012-7-28	红旗电排9＋290 处	闸门漏水	闸门关闭不严，外河水位过高，内外水位差增大所致
云水铺水闸	双清区	资水	2016-4-10	施工围堰	渗漏	水闸工程施工围堰出现渗漏险情，市、区人民政府迅速组织抢险力量除险
团南闸	华容县	藕池河	2016-7-5	内月围堤4＋700 处	闸门无法关闭	因连降大雨，藕池河水位过高，导致团南水闸（手摇式）出现无法关闭险情
白石港闸	石峰区	湘江	2017-6-29	石峰区白石港口	闸门无法关闭	因闸门无法正常关闭，导致湘江外河水位倒灌，新桥排渍站全开抽水，但水位不降反涨
竹沙桥泵站	雨花区	浏阳河	2017-7-4	黎托街道竹沙桥泵站	漏水	7月4日6时左右，竹沙桥泵由于压力阀破裂，浏阳河河水反冲，导致自排涵闸挡水板断裂险情
西河电排	安乡县	澧水	2020-7-4	陈家嘴镇	渗漏	伸缩缝在电排开机时渗漏
纸厂交通闸	津市市	澧水	2020-7-7	襄阳街道办事处	闸门损坏	阳由垸纸厂交通闸穿堤建筑物渗水
长安阁污水涵洞	临湘市	长安河	2020-7-7	五里办事处	涵闸	涵洞塌顶后，开挖后遇暴雨，污水冲刷京广线路基
虾扒脑电排	安乡县	澧水	2020-7-9	安康乡	渗漏	压力水箱溅出1m多高的水柱（管壁），四处溅水，使伸缩缝渗水
观音港涵闸	澧县	澧水	2020-7-28	观音港	裂缝	观音港泵站出水，箱涵裂缝漏水
同兴电排	安乡县	澧水	2020-7-29	下渔口	渗水	电排开机时压力水箱与管身结合部渗水严重

（2）堤防

2011—2020 年湖南省堤防出险情况统计见表 2.2-3。

表2.2-3　2011—2020年湖南省堤防出险情况统计

工程名称	工程所在地	工程所在河流	出险时间（年-月-日）	出险位置	险情类别	险情描述
牛屎湖溃堤	常德市鼎城区	沅江	2012-5-30	黑山咀乡3+000~9+780堤段	崩塌	风浪冲刷致使迎水面堤身崩塌
资水大堤右岸小河口段	益阳市赫山区	资水	2012-6-10	向阳渠小河口学校段(12+195处)	沙眼群	降雨致外河水位上涨，内外形成水头差；渠道两侧高地积水较多；透水层埋深较浅，致使大堤堤脚出现沙眼群
王十万湘江大堤	株洲市株洲县	湘江	2012-5-21	荷包堤段	跌窝	大堤渗漏带走泥土形成渗漏通道，连续降雨，土壤含水量大，造成堤顶外侧出现跌窝
长江干堤	岳阳市云溪区	长江	2013-5-6	永济垸桩号78+880处	跌窝	大堤堤肩（临水侧）出现跌窝
北峰山垸堤	益阳市高新区	资水志溪河	2013-6-27	贺家坝堤段桩号0+710~0+750处	脱坡	堤防外坡出现脱坡
沅南垸堤	常德市汉寿县	沅江	2014-7-17	新兴乡鲁家河村徐家组段	管涌	在农田内发生管涌，涌水口直径为50cm，涌水非常浑浊，带有大量的黑色粉细沙
善卷垸堤西站九组段	常德市鼎城区	沅江	2014-7-18	桩号10+800处	特大管涌	离大堤脚50m处发生管涌险情，管涌直径达到4m，出水点多达数处，并带大量泥沙
城西防洪堤	永州市双牌县	潇水	2016-3-22	潇水路（原粮站段）	坍塌	泥泊镇潇水路（原粮站段）防洪堤发生局部坍塌险情
祁阳县城北保护圈堤防	祁阳市祁阳县	湘江	2016-5-9	浯溪水电站下游500~2000m段	崩塌	城北保护圈堤防原种场段出现3处崩塌
里耶防护大堤	湘西自治州龙山县	沅江一级支流	2016-6-20	3+680~3+687处	溃口	防护大堤桩号3+680~3+687处防洪堤受灌入洪水冲刷出现土石松动，形成缺口
八管垸高水间堤	常德市鼎城区	高水	2016-7-2	K21+785~K21+815处	跨坡	坡面整体滑到堤脚，跨坡长度约30m，最大滑动面垂直位移约1.5m，水平位移约0.8m
新华垸堤防	岳阳市华容县	华容河	2016-7-10	红旗闸闸管附近	溃口决堤	红旗闸闸新老土结合部渗漏引发溃院

续表

工程名称	工程所在地	工程所在河流	出险时间 (年-月-日)	出险位置	险情类别	险情描述
南中垸院堤防	长沙市望城区	沩水	2017-7-1	望城区乌山街道	漫堤溃口	河水上涨,漫堤溃口,18时沿沩水大堤形成管涌,大堤下沉,溃院
水塘院堤防	长沙市长沙县	捞刀河	2017-7-2	长沙县安沙镇	管涌、散浸	最高水位达到39.54m,超过历史最高水位0.65m,发生管涌、散浸等险情
画田撒洪渠	长沙市长沙县	浏阳河	2017-7-2	长沙县黄兴镇	外坡崩塌	高塘村画田撒洪渠出现外坡崩塌,外坡上部出现散浸集中,形成穿孔后缺口
沙田院撒洪河大堤	岳阳市湘阴县	湘江	2017-7-2	湘阴县岭北镇沙田村	管涌、跌窝	撒洪河水位超过38.03m,发生大小管涌35处,内脱坡2处
烂泥湖院堤防	益阳市赫山区	资水	2017-7-3	赫山区兰溪镇羊角村堤段羊角闸	管涌	离堤脚60m处发现一管涌群,主管涌口出现决口,管口直径约1m,泛黑色沙水
湘江大堤	株洲市渌口区	湘江	2019-7-10	南洲镇将军村段	决口	湘江大堤南洲镇将军村段出现决口
枫溪港堤防	株洲市芦淞区	湘江	2019-7-12	枫溪港堤防	塌方	枫溪港堤防塌方、开裂、渗水、漫顶
湘江大堤	衡阳市衡山县	湘江	2019-7-10	湘江大堤曹家湖段	决口	湘江大堤曹家湖段出现决口
洣水衡东段	衡阳市衡东县	洣水	2019-7-10	洣水衡东段	决口	洣水衡东段决口(霞流镇李家坨段,吴集镇杨梓坪,潭泊坨)
湘江大堤	衡阳市衡东县	湘江	2019-7-10	霞流镇新拜朝村段河堤	崩塌	湘江大堤霞流镇新拜朝村段河堤出现崩塌
湘江河东大堤	湘潭市岳塘区	湘江	2019-7-11	湘江河东大堤	跌窝	湘江河东大堤出现20m²跌窝
湘江十万垅大堤	湘潭市雨湖区	湘江	2019-7-11	湘江十万垅大堤	管涌	湘江十万垅大堤出现20m²管涌群
磊石院新塘高撒洪渠	岳阳市汨罗市	撒洪渠	2020-7-8	岳阳市汨罗市白塘镇	外滑坡	左侧渠堤发生穿孔,引发堤顶及外坡滑坡
肖家湾	常德市鼎城区	沅江	2020-7-10	牛鼻滩	管涌	离堤胸150m处发生管涌,涌水高度25cm
翻身院沙河大堤	长沙市望城区	沙河	2020-7-11	丁字湾翻身院沙河大堤印子屋西50m处	大堤滑坡	翻身院沙河大堤迎水面出现滑坡、滑坡长度约50m

2.3　山丘区洪灾成因分析

2.3.1　气候系统极不稳定

湖南省特大洪水主要由长江梅雨锋系产生,梅雨环流形势的共同特点是 500hPa 天气图上中、高纬度地区存在阻塞形势,低纬度东亚东经 110°附近出现大槽,西太平洋副热带高压与青藏高压分别在其两侧。梅雨一般出现在 6 月中旬至 7 月中旬,最早在 6 月初,最迟在 7 月底。一般每年最后一次梅雨导致该年的最大洪水,所以 7 月下旬仍有大洪水发生。在 500hPa 天气图上,6 月当西太平洋副热带高压脊线的活动位置在东经 115°~120°,脊点在东经 115°以西,平均在北纬 20°附近时,多雨易涝。7 月当西太平洋副热带高压脊线的活动位置平均在北纬 26°附近,在北纬 25°以南时,多雨。副高脊线第一次到达北纬 20°叫"入梅";稳定跳出北纬 25°叫"出梅",即梅雨季节结束,主雨带移至黄淮和华北。湖南省暴雨的水汽输送与西太平洋副热带高压脊线的活动位置及西南气流的强弱有密切关系。

湖南省山丘区气候背景受控于副热带高压、西风带环流、东南季风和西南季风等环流体系的辐合影响。副热带高压的北跳南移,西风带环流的南侵北退,以及东南季风与西南季风的辐合交汇,形成了山丘区不稳定的气候系统。在此不稳定的气候系统作用下,降水分配不均,年际变化大,温度的季节变化显著,年际波动明显。同时受地貌等因素的影响,山丘区极易发生洪水灾害。

2.3.2　降雨时空分布不均

降雨是诱发洪水灾害的直接因素和激发条件。湖南位于亚热带中、低纬位置,处于西伯利亚寒流和太平洋副热带高压的交锋地带,易形成强降雨且年降雨相对变化大。因季风强弱和进退早晚而导致的年降水量不稳定,是造成洪水灾害的主要原因。

①降水量大,多数情况下意味着雨强大、激发力强,在一定的下垫面条件下,容易引发洪水灾害。2000—2020 年,除 2011 年外,湖南省各年年最大降水量均超过 2000mm,其中年降水量最大值出现在 2002 年桃江县的谈稼园站,年降水量达 3160mm。

②湖南省降水量按地区分布差异甚大,汛期是降水最集中的时期,且降水多以暴雨径流形式出现。受地理因素影响,湖南省降水量有 3 个高值区,3 个低值区,暴雨中心随月份变动。降雨时空分布的不均衡性,使洪涝灾害成为湖南省最活跃、最敏感的自然致灾因子。

2.3.3　地质地貌条件复杂

湖南省地处我国地势由西向东降低的第二阶梯与第三阶梯的交接地区,雪峰山自西南向东北贯穿省境中部,把全省分为自然条件差异较大的山地和平原丘岗两部分,构成了西高东低、南高北低的不对称马蹄形盆地。地貌组合中,多以山地和丘陵岗地为主,同时,湖南省

大于 $10km^2$ 以上的山间盆地有 120 多个,极易形成多个暴雨中心,造成局部性严重的山丘区洪水灾害。这种五分山地、三分丘岗、二分平原的地貌组合格局和以洞庭湖为中心的辐射状水系,形成了江湖水情最为敏感的地区。湖南省境内水系发育,全省 5km 以上的河流 5341 条,受地貌格局的制约,湘江、资水两大水系由南向北,沅江自西向东北,澧水自西向东,长江三口自北向南,以四水为主干向洞庭湖汇集,呈辐射状水系分别汇入洞庭湖,后由洞庭湖城陵矶注入长江,容易引发流域性大洪水和内涝灾害,且湖南省多山溪性河流,坡度陡,流程短,冲击力强,破坏性大。

2.4 山丘区洪灾防治现状

2.4.1 工程措施

截至 2020 年,湖南省各大流域已建成比较全面和系统的防洪减灾工程措施,包括各类水库 13737 座,其中大型水库 50 座、中型水库 366 座;水电站 4236 座;水闸 3.4 万多座,其中大型水闸 150 座、中型水闸 1121 座、小(1)型水闸 2473 座、小(2)型水闸 31062 座(含规模以下,其中规模以上 12049 座);堤防总长度 1 万多 km,其中全省 5 级以上堤防总长 12402.7km,3 级以上堤防总长 4418.21km;24 处国家级蓄滞洪区,总蓄洪容积 163.8 亿 m^3。

(1)湘江

目前,湘江流域已建成大中型水库共 181 座,其中预留防洪库容的大中型水库共 53 座,干、支流大中型梯级电站共 16 座;1~3 级堤防共 166 段,长 896.11km;灌区共 1005 处;蓄滞洪区共 4 处。湘江流域基本形成了以干、支流堤防为基础,支流骨干水库为补充,下游蓄滞洪区相配套的防洪总体布局。湘江流域主要防汛减灾工程统计见表 2.4-1。

表 2.4-1　　　　　　　　　湘江流域主要防汛减灾工程统计

工程类别	工程规模	单位	数量	同类合计
水库	大(1)型	座	2	181
	大(2)型		20	
	中型		159	
防洪水库	大(1)型	座	2	53
	大(2)型		10	
	重点中型		41	
干流梯级电站	大中型	座	8	8
支流梯级电站	大中型	座	8	8

工程类别	工程规模	单位	数量	同类合计
堤防	1～3 级	段	166	166
		km	896.11	896.11
灌区	大型	处	8	1005
	中型		268	
	小型		729	
蓄滞洪区	国家级	处	2	4
	省级		2	

（2）资水

目前，资水流域已建成大中型水库共 48 座，其中预留防洪库容的大中型水库共 10 座，干流大中型梯级电站共 7 座；1～3 级堤防共 26 段，长 204.15km；灌区共 296 处；蓄滞洪区共 3 处。通过多年建设，资水流域基本形成了以柘溪、车田江、六都寨水库为骨干，其他干、支流水库、堤防、河道整治、蓄滞洪区等工程措施与防洪非工程措施相配套的综合防洪体系。资水流域主要防汛减灾工程统计见表 2.4-2。

表 2.4-2　　　　　　　　　　　资水流域主要防汛减灾工程统计

工程类别	工程规模	单位	数量	同类合计
水库	大（1）型	座	1	48
	大（2）型		3	
	中型		44	
防洪水库	大（1）型	座	1	10
	大（2）型		2	
	重点中型		7	
干流梯级电站	大中型	座	7	7
堤防	1～3 级	段	26	26
		km	204.15	204.15
灌区	大型	处	4	296
	中型		74	
	小型		218	
蓄滞洪区	省级	处	3	3

（3）沅江

目前，沅江流域已建成大中型水库共 107 座，其中预留防洪库容的大中型水库共 17 座，干流大中型梯级电站共 12 座，支流大中型梯级电站共 3 座；1～3 级堤防共 18 段，长

255.49km;灌区共263处;蓄滞洪区共3处。目前,沅江流域虽初步形成了由托口、凤滩、五强溪等大型水库,干流沿线城镇堤防,车湖、木塘和陬溪垸等蓄滞洪区组成的防洪工程体系,但是沿线大部分城镇临水而建,多处于沅江干流沿线及干、支流交汇口,城市防洪工程建设相对滞后,使得城市防洪保护圈难以闭合的情况在沅江中上游较为突出。沅江流域主要防汛减灾工程统计见表2.4-3。

表2.4-3　　　　　　　　　　　　　沅江流域主要防汛减灾工程统计

工程类别	工程规模	单位	数量	同类合计
水库	大(1)型	座	3	107
	大(2)型		13	
	中型		91	
防洪水库	大(1)型	座	2	17
	大(2)型		4	
	重点中型		11	
干流梯级电站	大中型	座	12	12
支流梯级电站	大中型	座	3	3
堤防	1～3级	段	18	18
		km	255.49	255.49
	干流达标	km	224.17	228.83
	干流未达标		4.66	
灌区	大型	处	10	263
	中型		71	
	小型		182	
蓄滞洪区	省级	处	3	3

(4)澧水

目前,澧水流域已建成大中型水库34座。澧水流域主要采用以沿江城区堤防和护岸为基础,结合兴利建设干、支流水库,拦蓄洪水,加强河道整治等防洪措施。澧水流域基本形成了中上游防洪措施为水库和堤防,中下游防洪措施为江垭、皂市水库及堤垸堤防,下游蓄滞洪区相配套,具有一定抗洪能力的综合防洪体系。澧水流域主要防汛减灾工程统计见表2.4-4。

表2.4-4　　　　　　　　　　　　　澧水流域主要防汛减灾工程统计

工程类别	工程规模	单位	数量	同类合计
水库	大(1)型	座	2	34
	大(2)型		2	
	中型		30	

工程类别	工程规模	单位	数量	同类合计
防洪水库	大(1)型	座	2	11
	大(2)型		2	
	重点中型		7	
干流梯级电站	大中型	座	3	3
支流梯级电站	大中型	座	4	4
堤防	1~3级	段	32	32
		km	372.52	372.52
灌区	大型	处	3	115
	中型		32	
	小型		80	
蓄滞洪区	国家级	处	3	6
	省级		3	

2.4.2　非工程措施

（1）雨水情监测及预报预警

雨水情监测及预报预警是湖南省防洪非工程体系的重要组成部分。目前,湖南省水文水资源勘测中心已建成基于防汛综合数据库及电子地图的监测预警平台(省级业务系统平台),暨湖南省水文内部网络综合服务平台,基本实现了雨水情监测、洪水预报和洪涝灾害预警。目前,湖南省水旱灾害防御云平台雨水情监测共享信息平台已实现雨量站3150个、水文站248个、河道水位站473个、水库水位站1778个的数据共享。

尤其对于湖南省山洪灾害防治而言,通过扎实推进以山洪灾害防御系统为重点的非工程措施,共建成市级山洪灾害监测预警系统14套、县级山洪灾害监测预警系统114套、雨水情遥测站4865个、图像监测站1838个、视频监测站1089个、无线预警广播28003个,大幅度提高雨水情自动监测点覆盖率,实现了有山洪灾害防御任务的乡镇、重点防御区域雨水情监测的基本覆盖。

（2）群测群防体系

群测群防体系是指各级地方政府组织城镇或农村社区居民为防治洪水灾害而自觉建立与实施的一种工作和减灾体制,是有效减轻洪水灾害的一种"自我识别、自我监测、自我预报、自我防范、自我应急和自我救治"的工作体系,是当前经济社会发展阶段山丘区城镇和农村社区为应对洪水灾害而进行自我风险管理的有效手段。

目前,湖南省洪水灾害危险区均已建立了群测群防县、乡、村3级责任体系,明确了洪水灾害群测群防责任人和相关责任义务。

（3）指挥决策系统

湖南省省、市、县3级都设立了"防汛抗旱指挥部"，水利部门大多都设立了水旱灾害防御事务中心，构成了湖南省防汛抗旱管理体系。全省从上到下各级防汛机构组织、制度、职责等比较健全，有较成熟的防汛抗灾救灾经验，在防灾减灾中统一领导、统一组织和统一指挥，发挥了巨大作用。湖南省在不断总结防灾工作经验的基础上，在防治洪水灾害的非工程措施方面推动了一定程度的建设，极大地减少了人员伤亡和财产损失。

目前，湖南省完成了湖南省防汛抗旱决策系统六期工程建设，建成包括信息采集系统、视频监控系统、移动应急指挥系统、计算机网络与安全系统、数据采集平台与应用支撑平台、防洪抗旱综合数据库等业务应用系统；完成了湖南省山洪灾害监测预警系统的开发与应用，实现了雨水情监测、决策指挥平台、预警系统等方面的应用；完成了湖南省防汛抗旱云平台系统的开发和应用，进一步完成"一库、一图、一平台"的建设，建成完善湖南省防汛抗旱大数据分析平台；实现了应用系统移动化开发，防汛模式逐步向"云端部署、终端应用"的"云＋端"防汛业务应用新模式转变，进一步完善山洪信息业务标准规范体系；对接跨行业防汛数据，建立防汛扩展库，实现跨部门防汛数据整合，依据最新业务需求，打造新型防汛应用。

（4）防汛培训与演练

每年都会对行政干部和专业人员进行业务培训。对各级政府主管领导的培训，意在提高其防洪减灾意识，了解和掌握防洪减灾的相关法规政策，了解防汛抗旱工作程序等；对于专业人员的培训，目的在于使其熟练掌握相关抗洪抢险知识，抗洪抢险技术等。

另外，湖南是全国洪水多发省份之一，适当加强防汛抗洪演练是时刻准备防大汛、抗大灾思想的具体体现。每年，全省各地均会针对性地开展防汛抗洪演练，做到未雨绸缪、临洪不乱，使防汛抗洪工作有序进行、高效开展。

第 3 章　山丘区旱灾

3.1　山丘区历史旱灾综述

3.1.1　历史旱灾情况

据 1961 年湖南历史考古研究所编《湖南自然灾害年表》记载,自公元前 155 年(汉景帝二年)—公元 1949 年,前后 2104 年间,有记载的湖南旱灾计 371 年次,时代愈近,发生频次愈高,近 300 年发生的年次稍多于前 1800 年。其原因除漏记外,还有近 300 年人口增多、耕地面积扩大、农田灌溉事业发展不快等。其次湖南有约占全省面积 3/5 的地区丘陵起伏,可利用的自然资源少,而一般小塘、小坝蓄水有限,易于干涸。

(1)湖南旱灾发生的区域

据公元前 155—公元 1949 年统计资料,湘江流域各县发生旱灾 213 年次,资水流域各县 62 年次,沅江流域各县 106 年次,澧水流域各县 53 年次,以湘江流域最多。全省性的旱灾也不少,有 62 年次。湖南历史旱灾次数统计见表 3.1-1。

表 3.1-1　　　　　　　　　　　湖南历史旱灾次数统计

区域	全省性	湘江流域	资水流域	沅江流域	澧水流域
旱灾次数(年次)	62	213	62	106	53

(2)湖南旱灾发生的季节性

近 300 年来,夏季发生旱灾 161 县次,秋季 50 县次,春季 28 县次,冬季 3 县次。其中以夏季最多,秋季次之。由于夏、秋两季为农作物培育成长期,一旦降雨减少,极易造成灾害。

(3)湖南旱灾的连续性

据公元 998—公元 1949 年统计资料,连续 2 年的旱灾 81 次(全省性旱灾 7 次),连续 3 年的旱灾 17 次,连续 4 年的旱灾 2 次。公元 998—公元 1949 年湖南省历史旱灾连续性统计见表 3.1-2。

表 3.1-2　　　　　　　　　　公元 998—1949 年湖南省历史旱灾连续性统计

地区	连续 2 年的年份	累计次数（次）	连续 3 年的年份	累计次数（次）	连续 4 年的年份	累计次数（次）
荆湖（现两湖地区）	998、999 年	1				
潭州（现长沙）、衡州（现衡阳市、永州市和郴州市局部地区）、郴州	1101、1102 年	2				
临湘、衡州（现衡阳市、永州市和郴州市局部地区）	1135、1136 年	3				
潭州（现长沙）、临湘、永定	1173、1174 年	4				
衡州（现衡阳市、永州市和郴州市局部地区）			1178、1179、1180 年	1		
湘潭	1201、1202 年	5				
临湘	1202、1203 年	6				
鼎州（现常德市南部）、澧州（现常德市南部）	1205、1206 年	7				
岳州（现岳阳市）	1222、1223 年	8				
宜章	1264、1265 年	9				
永兴	1324、1325 年	10				
永州			1352、1353、1354 年	2		
善化（现长沙市南部地区）、沅江	1414、1415 年	11				
全省	1426、1427 年	12				
浏阳	1433、1434 年	13				
慈利	1434、1435 年	14				
临湘	1438、1439 年	15				
湘乡、安化、宁乡、临武	1440、1441 年	16				
全省	1445、1446 年	17				
全省	1458、1459 年	18				
邵阳			1466、1467、1468 年	3		
全省	1467、1468 年	19				
常德、沅江	1487、1488 年	20				

续表

地区	连续 2 年的年份	累计次数（次）	连续 3 年的年份	累计次数（次）	连续 4 年的年份	累计次数（次）
祁阳	1490、1491 年	21				
平江、巴陵（现岳阳县）、临湘、衡州（现衡阳市、永州市和郴州市局部地区）、宝庆（现邵阳市城区）、辰溪			1507、1508、1509 年	4		
沅江	1512、1513 年	22				
祁阳、靖州	1517、1518 年	23				
宝庆（现邵阳市城区）			1517、1518、1519 年	5		
浏阳	1522、1523 年	24				
慈利、桃源	1523、1524 年	25				
郴州	1531、1532 年	26				
永州、辰州（现怀化市北部地区）、湘潭、宁乡、浏阳	1538、1539 年	27				
辰州（现怀化市北部地区）、沅江、蓝山	1544、1545 年	28				
沅州（现怀化西部地区）	1546、1547 年	29				
石门、慈利	1569、1570 年	30				
浏阳	1575、1576 年	31				
醴陵、宜章、安化、新化	1588、1589 年	32				
长沙、辰州（现怀化市北部地区）	1589,1590 年	33				
永明（现江永县）	1601、1602 年	34				
沅江	1608、1609 年	35				
安化	1611、1612 年	36				
辰州（现怀化市北部地区）、安化			1639、1640、1641 年	6		
浏阳、临湘、辰州（现怀化市北部地区）	1640、1641 年	37				

地区	连续 2 年的年份	累计次数（次）	连续 3 年的年份	累计次数（次）	连续 4 年的年份	累计次数（次）
全省			1642、1643、1644 年	7		
浏阳、永州	1645、1646 年	38				
辰溪	1646、1647 年	39				
沅陵			1646、1647、1648 年	8		
慈利、石门	1651、1652 年	40				
长沙府	1652、1653 年	41				
麻阳	1661、1662 年	42				
江华	1664、1665 年	43				
宁乡	1666、1667 年	44				
衡阳	1668、1669 年	45				
安仁、衡山、沅陵、辰溪	1670、1671 年	46				
安仁、耒阳、常宁	1679、1680 年	47				
平江	1681、1682 年	48				
华容	1685、1688 年	49				
华容			1688、1689、1690 年	9		
衡山、邵阳、湘乡	1696、1697 年	50				
宜章	1701、1702 年	51				
湘乡	1702、1703 年	52				
溆浦	1728、1729 年	53				
沅江			1743、1744、1745 年	10		
常德、长沙	1745、1746 年	54				
桂阳			1748、1749、1750 年	11		
善化（现长沙市南部地区）、湘阴、益阳	1751、1752 年	55				
新化、乾州厅（现吉首市）、凤凰厅（现凤凰县）	1778、1779 年	56				
长沙、善化（现长沙市南部地区）、湘乡	1780、1781 年	57				
长沙、善化（现长沙市南部地区）、湘乡、道州（现道县）	1785、1786 年	58				

续表

地区	连续 2 年的年份	累计次数（次）	连续 3 年的年份	累计次数（次）	连续 4 年的年份	累计次数（次）
江华、郴州、桂阳、宜章、永兴	1786、1787 年	59				
衡山	1812、1813 年	60				
长沙、沅陵、麻阳、溆浦	1813、1814 年	61				
郴州	1815、1816 年	62				
麻阳					1818、1819、1820、1821 年	1
沅陵			1819、1820、1821 年	12		
清泉（现衡南县）	1826、1872 年	63				
新化	1827、1828 年	64				
浏阳、醴陵、衡山、芷江、沅州（现怀化西部地区）	1835、1836 年	65				
浏阳			1845、1846、1847 年	13		
长沙、湘乡	1846、1847 年	66				
麻阳	1852、1853 年	67				
麻阳	1863、1864 年	68				
绥宁	1865、1866 年	69				
桂阳			1865、1866、1867 年	14		
善化（现长沙市南部地区）	1872、1873 年	70				
靖州	1873、1874 年	71				
嘉禾	1886、1887 年	72				
古丈	1891、1892 年	73				
古丈	1897、1898 年	74				
嘉禾					1898、1899、1900、1901 年	2
嘉禾	1906、1907 年	75				
宝庆（现邵阳市城区）、嘉禾、湘乡	1921、1922 年	76				
宁乡			1921、1922、1923 年	15		

续表

地区	连续 2 年的年份	累计次数（次）	连续 3 年的年份	累计次数（次）	连续 4 年的年份	累计次数（次）
临澧			1924、1925、1926 年	16		
永绥（现花垣县）、慈利			1925、1926、1927 年	17		
邵阳、城步、沅陵	1925、1926 年	77				
全省	1928、1929 年	78				
湘乡、宁远、新化、武岗、零陵	1933、1934 年	79				
湘东（现萍乡市）、湘西（现醴陵市）	1940、1941 年	80				
醴陵、永明（现江永县）	1945、1946 年	81				

湖南近 300 年来发生旱灾 188 年次，平均每 19 个月发生一次。其中，相隔 1 年的旱灾 26 次；相隔 2 年的 11 次；相隔 3 年的 13 次；相隔 4 年的 2 次；相隔 5 年的 3 次；相隔最久的是 7 年，只有 1 次；其余都是连续发生的。

3.1.2　干旱的规律

（1）干旱的年际规律

公元 1500—1990 年的 490 年间，有 4 个连续干旱周期，即 1512—1544 年，1640—1674 年，1802—1835 年，1921—1990 年。前 3 个干旱周期连续 30～40 年，最后一个周期连续 70 年。每个周期的相隔年数分别为 96 年、128 年和 86 年。在 20 世纪的 90 年内，干旱的频次明显加密，重现期大大降低。自新中国成立 72 年来，年年都有旱灾，其中有 9 年出现了全省性干旱，有 14 年出现了全省大范围干旱，有 45 年出现了插花型干旱。湖南省旱情年际规律统计见表 3.1-3。

表 3.1-3　　　　　　　　　　湖南省旱情年际规律统计　　　　　　　　　　（单位：次）

干旱类型	1501—1600 年	1601—1700 年	1701—1800 年	1801—1900 年	1901—2000 年	2001—2020 年	合计
全省性干旱	0	1	1	2	9	5	18
大范围干旱	9	9	1	4	17	4	44
插花型干旱	40	58	48	64	70	7	287

（2）干旱的时间规律

全省降水量多集中在雨季 3 个月的数场暴雨，一般占全年的 40%～50%。一般年份，湖南省干旱期分为两个阶段:第一阶段出现在 6 月底至 7 月下旬,第二阶段出现在 8 月中旬至 9 月下旬。两个旱期之间(7 月底至 8 月上旬)常因热带低压、台风等天气系统的影响而发生降水,使旱情得到缓和。在大气环流异常的天气条件下(如前期副热带高压很弱,位置偏南,影响海洋暖湿气流进入全省,而北方冷气流频频南下;冷暖气流不在湖南省交汇,致使降水偏少;后期副热带高压过早,过强且维持过久,使全省雨季提前结束)湖南干旱形成的季节性特点,即干旱以夏秋连旱为主,夏旱次之,秋旱第三;有时有夏秋冬三季,甚至夏秋冬春四季连旱。

(3)干旱的空间规律

湖南山丘区重旱区,主要分布于湘江流域中上游,资水中游辰水、邵水流域;中旱区主要分布于沅江流域,资水、澧水下游及湘江下游右岸;轻旱区则主要分布于东南角和西北角地区,湘江支流涞水上游和沅江支流酉水上游等地。1500—1949 年湖南省山丘区各地历史旱灾次数统计见表 3.1-4。

表 3.1-4　　　　　　　　1500—1949 年湖南省山丘区各地历史旱灾次数统计

历史旱灾次数(次)	省内地区
≥40	隆回、邵阳、邵东、衡阳、湘乡、双峰、涟源、新化、新邵、宁乡、长沙、望城、浏阳、沅陵
30~<40	桃江、益阳、沅江、湘潭、株洲、醴陵、安仁、常宁、桂阳、麻阳、溆浦、石门、临澧、临湘、江永、江华
20~<30	岳阳、湘阴、平江、衡山、攸县、茶陵、耒阳、永兴、祁东、祁阳、东安、零陵、新田、宁远、嘉禾、蓝山、道县、新宁、武冈、泸溪、洞口、安化、桃源、常德、汉寿、华容、安乡、南县、澧县、慈利、大庸(今张家界市)
10~<20	桑植、龙山、永顺、保靖、古丈、永绥、乾城(今吉首市)、凤凰、怀化、芷江、新晃、黔阳(今洪江市)、会同、通道、绥宁、城步、临武、宜章、郴县、资兴、桂东、炎陵
<10	汝城、靖县

全省受北跃两伸的西太平洋高压和印度洋低压控制,除北边处于副热带高压边缘,降水量较多外,其他地区均晴热少雨,盛吹偏南风,蒸发旺盛,山丘区特别是丘陵区容易干旱。副热带高压对湘东、湘中的广大地区影响最大。受地形和副热带高压脊线附近的下沉气流影响,全省干旱严重易发区主要位于衡邵丘陵区域,衡邵丘陵地区雨水少、气温高、干旱最为严重;湘西北一遇冷空气活动就有降水产生,所以干旱要轻些;湘南地区初秋有时受台风影响,产生降水,所以旱象也有些缓和。西南的沅江上游及中游山间盆地区属全省降水量低值区,是典型的易旱区。其石灰岩地区和高山偏远地区因溶洞发育,降雨大部分通过发育的溶洞进入地下;或因山体坡降大,岩石裸露,地表涵养水能力低,溪河蓄水能力弱,水资源易涨易退,导致水资源利用率低;同时,这些地区水利基础设施薄弱,蓄引提水能力差,极易发生干旱,是典型的干旱死角。

水文和气象多年降水量等值线图反映,湘中即衡邵丘陵区属全省常年降水量低值区。衡邵丘陵地区以北纬 27°为中心线,摆动于北纬 26°~28°。衡邵丘陵区四面环山,东面有武功、万洋和诸广等山脉,西面有雪峰山脉,南面有五岭山脉,北面有南岳衡山,海拔高度一般都在1000m以上。由于四面环山,从东南海洋吹来的暖湿气流越过南岭以后迅速下沉使衡邵丘陵区增温。衡邵丘陵区属地势低平的盆地,地面增温后热量不易散发,而夏季等温线分布基本上呈南北走向,由于地形的影响形成十分明显的高温少雨局面,6月平均气温可达25~26℃。衡阳7月接近30℃,是全省高温中心所在。由于气温高,热量又不易散失,因此本地区蒸发旺盛,蒸发量甚至大于降水量。据本地区水文、气象测站的统计资料,历年7—9月,降水量比蒸发量偏少200mm以上。

某一时期的降雨分布状况是同期大气环流某种特征的反映,而大气环流对干旱的地域性影响很大。一般年份自6月以后,湖南省常在副热带高压控制下,导致天气晴热,降雨稀少。湘西北由于处于副热带高压边缘,干旱较轻;湘东南及湘西南地区因受高山带来的上升气流和台风等热带天气系统影响,可产生降水,旱象亦较轻;而衡邵丘陵区则正处于副热带高压中心,受副高脊线下的下沉气流影响,气温特高,雨量稀少。如大气环流异常,前期副热带高压很强,脊线位置偏南,冷暖空气不易交汇,后期副热带高压过强并持续控制,则出现长期无雨或少雨现象。衡邵丘陵地区的1960年和1963年的特大干旱,均属于这种情况。

重旱区以夏秋干旱为主,从湘中的衡邵丘陵地区向湘南发展,这是一个主要特征。常年7—9月,境内受副热带高压控制,久晴少雨,温度高,蒸发量大,南风盛行。此时正处于农作物生长需水高峰期,水量供需矛盾大。这一时期随着西太平洋副热带高压的增强,冷暖空气的交界面常处于江淮流域,雨带北移,湖南雨季结束。若副热带高压过早或过久地控制湖南,就会造成自湘中向湘南发展的严重干旱。1956年以后,由于耕作制度的改变,农业需水量不断增加,夏秋干旱频繁,干旱平均为仅2.7年一遇。

3.1.3　干旱的连续性

全省性干旱常常是有两年以上连续的规律和特点。分两个阶段进行频次统计,即1949年以前的535年和1950—2020年的71年。1414—1949年和1950—2020年湖南省旱灾连续情况统计分别见表3.1-5和见表3.1-6。

表3.1-5　　　　　　　　1414—1949年湖南省旱灾连续情况统计

总次数(次)	未连续		连续2年		连续3年	
	次数(次)	占比(%)	次数(次)	占比(%)	次数(次)	占比%
46	34	73.9	11	23.9	1	2.2

表3.1-6　　　　　　　　1950—2020年湖南省旱灾连续情况统计

总次数(次)	未连续		连续2年		连续3年	
	次数	占比(%)	次数(次)	占比(%)	次数(次)	占比(%)
12	7	58.33	3	25.00	2	16.67

1950—2020 年发生全省性干旱的年份有 1956 年、1957 年、1959 年、1960 年、1963 年、1972 年、1978 年、1981 年、1984 年、1985 年、1986 年、1990 年、1991 年、2003 年、2005 年、2006 年、2007 年、2011 年、2013 年，共 19 年；发生比较严重的干旱的年份有 1957 年、1984 年、1961 年、1989 年、2001 年、2008 年、2009 年、2010 年，共 8 年。上述 19 个全省性干旱年中，连续 3 年的有 1984—1986 年、2005—2007 年，连续两年的有 1956—1957 年、1959—1960 年、1990—1991 年，未连续的有 1963 年、1972 年、1978 年、1981 年、2003 年、2011 年、2013 年。

1959—1960 年连续两年全省性严重干旱的基础上再碰上 1961 年比较严重的插花型干旱，3 年旱灾中，1959 年、1960 年、1961 年全省受旱面积分别为 1747 万、2006 万、1414 万亩。这 3 年旱灾是造成湖南省人民过 3 年苦日子的根本原因之一。1984—1986 年连续 3 年干旱，全省受旱面积分别为 1614 万、2726 万、1808 万亩，其中 1985 年为极旱年，1984 年、1986 年为重旱年。

3.1.4 干旱的季节性

1950—1990 年旱情资料显示，以夏秋连旱为主的季节性干旱，占旱灾总次数的比重为 50%左右，夏旱次之，秋旱第三，夏旱和秋旱合计占旱灾总次数的比重为 45%左右。湖南省 7—9 月在副热带高压控制下，天气久晴少雨，气温高，蒸发大，南风盛行，此时正值农作物生长需水高峰期。这一时期雨带已北移，湖南雨季结束，常因少雨造成干旱，严重影响农作物的收成。

3.2 山丘区旱灾统计及典型旱灾

3.2.1 全省性旱灾年统计

湖南全省旱年过去没有明确的标准，年代愈远，记载于史料的湖南旱情愈少，12 世纪以后记载才逐渐增多。这一现象产生的原因是多方面的。古代记载旱情是从受灾损失出发的，较发达地区、人口较多的地区自然有受灾记录；反之，纵有大旱也不可能全部记入史料。因而，史料无受灾记录并不等于无旱灾，记录甚少也并不等于干旱较少。另外，古代记录旱灾大多较简略，很难判断旱情的轻重、范围，不能作为依据及比较。新中国成立以前，按史料志书记载为"湖南旱""全省旱"的为全省性旱年，记载为"大旱"的为全省性大旱年；1740—1949 年则按湖南省气象局编印的《湖南省气候灾害史料》所附旱涝等级表进行划分。据统计，11—12 世纪全省性的旱灾为 11 年次，15—16 世纪为 32 年次，19—20 世纪为 29 年次，2000—2020 年为 6 年次，即大约每 200 年出现一次全省性的旱年密集期；46 年次全省性大旱年中，16 世纪较多，为 6 年次，17 世纪、19 世纪分别为 5 年次，20 世纪最多，为 11 年次，2000—2020 年为 5 年次，各世纪湖南省全省性旱灾统计见表 3.2-1；受旱时间以 1963 年旱期达 250~370 天为最长,受旱州、县数以 1934 年 68 个县为最多,但 1934 年受灾面积仅比 1963 年多 84.3 万亩,减产的粮食却以 1963 年 15 亿 kg(只占应产粮食的 14.5%)为最少。

表 3.2-1 各世纪湖南省全省性旱灾统计

世纪	全省性旱灾	
	次数(次)	年份
公元前	2	公元前 177°、公元前 73°
1	1	86
3	3	235、255°、266
4	1	338
6	1	516°
7	3	612、617°、638
8	1	785
9	4	805、806、808°、825
10	3	930°、998、999
11	5	1033°、1075、1077、1080、1088
12	6	1101、1135°、1171、1174、1180、1182
13	4	1202、1215°、1298、1299
14	2	1334°、1341
15	20	1414、1415、1426、1427、1434、1438、1440、1441、1445、1446、1448、1453、1455、1458、1459°、1467、1468、1479、1488、1490
16	12	1508、1509°、1513、1518、1523、1528、1538°、1539°、1544°、1545°、1589°、1590
17	10	1641°、1642、1643°、1646、1652、1653°、1671°、1679、1681、1696°
18	4	1703、1706、1778°、1785
19	7	1802°、1807°、1813、1820、1828°、1835°、1895°
20	22	1900、1921°、1925°、1928°、1934°、1945°、1956、1957、1959、1960°、1961、1963°、1972、1978°、1981、1984、1985°、1986、1990、1991、1992°、1998°
21	7	2003°、2005°、2007°、2009°、2011、2013°、2022°

注:1. 加"°"年份为全省性大旱年,全省性大旱年共 46 次。

2. 统计至 2022 年。

3.2.2 新中国成立后全省旱灾统计

根据统计资料,1950—2020 年的 71 年累计农作物受灾面积 4338.8 万 hm^2,年均农作物受灾面积 61.11 万 hm^2;累计成灾面积 2244.02 万 hm^2,年均成灾面积 31.60 万 hm^2;旱灾累计减产粮食 722 亿 kg,年均减产粮食 10.17 亿 kg。旱灾严重影响着全省的粮食生产,严重影响着经济作物的收成,严重影响着人民生活,制约国民经济的发展。旱灾不仅直接损失大,间接损失也很大。间接损失包括抗旱的资金、劳务投入和对下年度粮食生产的资金成本、种子、肥料等的影响。1950—2020 年湖南省旱灾情况统计见表 3.2-2。

表 3.2-2　　　　　　　　　　1950—2020 年湖南省旱灾情况统计

年份	农作物受灾面积（万 hm²）	农作物成灾面积（万 hm²）	年份	农作物受灾面积（万 hm²）	农作物成灾面积（万 hm²）
1950	36.20	24.13	1986	120.53	80.35
1951	34.73	23.15	1987	64.93	23.80
1952	21.33	14.22	1988	108.73	49.53
1953	62.53	41.68	1989	75.40	29.20
1954	17.20	11.46	1990	76.75	56.33
1955	39.73	26.48	1991	55.23	44.66
1956	115.13	76.75	1992	85.94	54.00
1957	86.73	57.82	1993	43.82	6.13
1958	30.06	20.04	1994	40.66	5.26
1959	116.46	77.64	1995	64.49	31.26
1960	133.73	89.15	1996	37.56	23.46
1961	94.26	62.84	1997	63.59	42.34
1962	34.93	23.28	1998	60.57	34.53
1963	137.73	91.82	1999	55.53	34.05
1964	50.66	33.77	2000	60.13	36.11
1965	34.26	22.84	2001	78.75	52.21
1966	44.86	29.91	2002	41.69	26.00
1967	15.93	10.62	2003	126.02	84.29
1968	19.33	12.88	2004	53.98	31.28
1969	18.20	12.13	2005	105.65	65.82
1970	17.06	11.37	2006	56.47	35.25
1971	53.00	35.33	2007	115.77	75.97
1972	109.46	72.97	2008	71.46	48.60
1973	12.60	8.40	2009	75.30	42.46
1974	44.66	29.77	2010	72.33	34.53
1975	33.13	22.08	2011	118.40	79.33
1976	22.80	15.20	2012	11.46	5.53
1977	14.33	9.55	2013	171.73	113.46

续表

年份	农作物受灾面积 （万 hm²）	农作物成灾面积 （万 hm²）	年份	农作物受灾面积 （万 hm²）	农作物成灾面积 （万 hm²）
1978	87.06	58.04	2014	5.38	0.86
1979	54.80	36.53	2015	6.25	1.37
1980	65.66	43.77	2016	1.14	0.47
1981	110.80	73.86	2017	22.17	20.09
1982	51.26	34.17	2018	15.08	12.24
1983	65.46	43.64	2019	20.63	9.72
1984	107.60	71.73	2020	8.82	5.02
1985	152.53	101.68			

3.2.3 新中国成立后典型旱年及灾情纪实

（1）1960 年全省性干旱

1960 年是新中国成立后湖南省第一个全省性旱年，受稳定而持久的副热带高压影响，天气晴热少雨，蒸发强烈，易形成干旱。6 月中旬以后，全省大部分地区连续 40 余天未下过透雨，气温蒸发又比历年同期增高，旱期较往年为早。衡阳地区是本年旱情最严重的地区，当年 7—9 月雨量 127mm，比历年同期均值偏少 152mm，旱期达 91 天（6 月 16 日至 8 月 1日、8 月 14 日至 9 月 26 日）；邵阳 7—9 月降水量为 94mm，较历年同期均值偏少 200mm，旱期 72 天（7 月 14 日至 8 月 11 日、8 月 19 日至 9 月 30 日）；零陵 7—9 月降水量为 141mm，比历年同期均值偏少 179mm，旱期 84 天（6 月 20 日至 7 月 13 日、7 月 31 日至 8 月 22 日、8 月 25 日至 9 月 30 日）；沅陵 7—9 月降水量 268mm，比历年同期均值偏少 126mm，旱期 72 天（7 月 21 日至 9 月 30 日），个别地方持续近百天；花垣县自 7 月下旬至 9 月初连晴少雨，9 月中旬以后又严重秋旱，全县塘库和部分溪河大都干涸断流。

根据灾情统计，衡阳全市受旱面积 17.6 万 hm²，枯萎失收 1.5 万 hm²，33.8% 的水库和 46.5% 的山塘干涸露底，46.5% 的小河断流，因灾减产的面积达 15.8 万 hm²，因旱全市普遍遭虫灾，一季稻受害面积达 7.2 万 hm²；邵阳市全市受旱面积 14.2 万 hm²，成灾面积 9.8 万 hm²，粮食减产 1.621 亿 kg；常德市农作物受灾 16.2 万 hm²，成灾 10 万 hm²，绝收 4500hm²，粮食减产 1.279 亿 kg；怀化麻阳 161 座水库、1729 口山塘干涸，通道县受旱面积占水田总面积的 33.8%，溆浦农作物受旱面积 2.1 万 hm²，粮食减产 1530 万 kg；湘西自治州的泸溪、凤凰、花垣、古丈、永顺等县夏秋连旱，泸溪全县溪、塘、库大部分干涸，农作物枯黄无收，古丈稻田受旱面积达 5900hm²，减产 572.1 万 kg，花垣县粮食产量降到 1950 年以来的最低水平，永顺平均亩产仅 67kg；张家界市的慈利县夏秋连旱 42 天，桑植县 440 多 hm² 晚稻和 1753hm² 的迟熟中稻受旱；本年全省受灾县 72 个，受灾面积 2006 万亩，成灾 1253 万亩，失收面积 181 万亩,减产粮食 13.33 亿 kg。

(2)1963 年全省性干旱

1963 年由于大气环流形势异常,湖南省降水偏少,热带气旋偏少,全省各地入冬前降雨只有 100mm 左右,比历年同期减少 50%～60%,比 1959 年大旱年还减少了 30%～40%,入春后降水稀少,出现冬干春旱。4 月中旬至 5 月中旬雨季来临,旱象稍有缓和,但自 5 月中、下旬开始,在湘南和衡阳地区夏旱露头,6 月初蔓延到长沙、岳阳及芷江等地,随后旱情遍及湘南、湘中及湘西南各地,一直到 9 月均未下过透雨,因此,出现了历史上罕见的冬、春、夏、秋四季连旱,无雨、缺雨状态持续达 10 个多月。年内温高气燥,大气层的相对湿度普遍降低,而且风力特大,"火南风"较强,使得水量损失显著加大。8 月底,湘江中、下游地区出现极端最高气温,最高气温普遍达 40℃,株洲市达 41℃。水面蒸发较正常值普遍增大约 30%,其中长沙增大 61%,茶陵、永兴、安仁、衡南、零陵、江永、邵阳等县 1—8 月的蒸发量,分别比各自同期增大 58%～164%。几个不利因素凑在一起,导致旱情恶性发展。

根据灾情统计,全省受灾的县(市)共 55 个,其中以茶陵、耒阳、永兴、桂阳、武冈、嘉禾、常宁、邵阳等县的灾情最为严重。全省早、中稻减产、失收面积 1681 万亩,占实插面积的 42%,其中一般减产的 422 万亩,严重减产的 743 万亩,基本失收的 516 万亩,双季晚稻受旱面积 571 万亩,占实插面积的 73%,枯死约 130 万亩,全省比上年减产粮食 15～20 亿 kg。另外,据不完全统计,全省中小型水库水位降到死水位以下的有 8327 座,其中中型水库 20 座,山塘干涸的有 106 万口。河坝无水可引的有 12 万多座,断流的大小河流、溪沟有 5600 多条,其中属于 1～3 级的支流有 65 条。

(3)1972 年大旱

1972 年湖南省干旱发生时间比上年(1971 年)提早 1 个月,即在 6 月下旬就已开始。干旱一直延续到 9 月下旬,湖南省大部分地区旱期在 90 天以上,有的长达 120 天,旱象出现早,持续时间长。本年度降水量少,特别是 6—8 月 3 个月降水量特少,致使旱情发展快,面积广,一直到 9 月下了大雨,旱情才大部分得到缓和。

根据灾情统计,7 月全省早、中稻受旱 1759.38 万亩,占水田总面积的 34%。9 月中旬晚稻受旱发展到 1400 万亩,占实插面积的 52%,其中枯死 102 万亩。全年受旱面积达 1759.38 万亩,其中水田 1467.22 万亩,旱地 292.16 万亩。成灾面积 737.80 万亩,其中早稻 226.38 万亩,失收 71.35 万亩;中稻 125.47 万亩,失收 73.71 万亩;晚稻 270.43 万亩,失收 109.16 万亩,共计减产粮食 10.01 亿 kg。全省有 33 座中型水库、6000 多座小型水库、110 多万口塘坝干涸,4 万多个生产队水田断了水源,1 万余个生产队饮水困难。

(4)1978 年全省性干旱

1978 年入春以后,雨水特别稀少,且分布不均,湖南省自 4 月下旬进入雨季后,于 6 月 22 日提前结束雨季,连晴 20 天滴雨未下。全年 1—9 月平均降雨 930mm,较历年同期均值 1204mm 偏少 20%～30%。7—9 月平均降雨 210mm,比历年同期均值 340mm 偏少 38%,

其中 7 月降雨只有 57mm，比历年同期均值 136mm 偏少 57%。气温方面，6 月平均气温 14～15℃，比历年同期偏高 0.5℃，7 月上旬平均气温高达 31～32℃，比历年同期高 3～4℃，除湘西、湘南局部山地外，各地气温均为新中国成立以来的最高值。汛期，湘、资、沅、澧四水干流控制站出现最低水位，一般比常年偏低 0.7～1.95m，洞庭湖区也偏低 0.6～2.61m。四水汛期最大入湖合成流量为 33600m³/s，比常年 49100m³/s 偏少 31.6%。深水大西滩站集雨面积为 3227km²，7 月 14 日流量仅 1.4m³/s，比特旱年的 1963 年和大旱年的 1972 年分别少 83% 和 87%。

根据灾情统计，全省 14 个地、州、市的 103 个县镇都出现了旱象，受旱的公社 3135 个，占全省 3376 个公社的 93%，其中严重的 1124 个；受旱的大队 39930 个，占全省 48316 个大队的 83%；受旱的生产队 329780 个，占全省 420934 个生产队 78%，有 600 个生产队早、中稻颗粒无收。全省干旱情况尤以怀化、湘西自治州、邵阳、涟源、湘潭、长沙等地严重，其中怀化受旱面积 236 万亩，占耕地 60%。全省断流的溪河达 14351 条，有 2 座大型水库和 52 座中型水库降到死水位，636 座小(1)型和 5728 座小(2)型水库无水，131.7 万处塘坝干涸，致使 11662 个生产队、91.4 万人饮水困难。

(5)1985 年全省性干旱

由于持续晴热高温天气，湖南省发生春夏两季或春夏秋 3 季连旱，属全省性大旱年。全省受旱面积达 2275 万亩，占全省耕地面积的 45.5%；成灾面积 1193 万亩，占全省耕地面积的 23.8%，占受灾面积的 52%；因灾减产粮食 14.03 亿 kg。旱期中，全省有 24 座中型水库、4548 座小型水库、108.8 万处塘坝干涸，1.1 万条溪涧断流，226 万人和 127 万头牲畜饮水困难。其中旱情最为严重的有衡阳、邵阳、怀化、娄底、零陵、郴州等地区。据统计，1985 年干旱发生期间，全省参加抗旱工作的干部有 6 万多人，高峰时期投入抗旱的劳动力 910 万人，调用抽水机、内燃机 21 万台，电动机近 5 万台、水车 47 万架，其他抗旱工具 131 万件。全省共耗用抗旱资金 1.82 亿元，其中国家支援抗旱经费 1130 万元，各地、市、县财政支出 764 万元，银行贷款 4938 万元，乡镇企业和群众自筹资金 1.1403 亿元。

(6)1990 年大旱

7 月初开始，湖南省全省大面积出现旱情。由于降雨在时间分布上前多后少，省内大部分地方 7 月 3 日结束雨季，湘南等地区的个别县自 6 月中旬就进入了少雨季节。尤其是 7 月 1 日至 9 月 20 日这段时间的降水量特别少，全省平均雨量 183.6mm(其中 7 月 4 日至 9 月 20 日仅 143.8mm)，比历年同期均值 314.7mm 少 131.1mm，偏少 41.7%。气温方面，7 月全省大多数地方日平均气温在 30℃以上，8 月全省大部分地区出现了 37℃以上的高温天气，与常年比较，7 月中旬全省平均气温偏高 1～3℃。由于气温高，蒸发量明显增加，江华县 7—8 月的蒸发量高达 765.3mm，相当于上年同期蒸发量 379.2mm 的 2 倍多，相当于当年同期降水量的 9.6 倍。

根据灾情统计，全省 107 个县(市、区)、3375 个乡(镇)、43176 个村的 3789 万人不同程度地受到干旱的威胁。最大受旱耕地面积达 3903 万亩,占总耕地面积的 78%;农作物受旱面积 3935 万亩,减产面积 2447 万亩,失收面积 820 万亩;粮食作物受旱面积 3458 万亩,减产面积 2013 万亩,失收面积 685 万亩;因旱灾损失粮食 28.8 亿 kg。全省有 41 座中型水库、781 座小(1)型水库、5756 座小(2)型水库基本无水,151.52 万口山塘干涸,20681 条溪河断流,9.57 万个村民组的 767.8 万人、572.2 万头牲畜饮水困难。

(7)1991 年大旱

湘南、湘中分别从 5 月中旬末和 6 月中旬末进入干旱少雨季节,降水仅及常年同期平均值的 20%。由于前期降水不足,1991 年干旱发生早,持续时间长,加上高温晴热天气多,日照强、蒸发大、旱情持续加重,部分地方出现"空梅"现象,多数地方水库山塘处于"空腹"状态。

根据灾情统计,6 月夏旱全省共有 2749 个乡,94.3 万 hm² 水稻受旱,晚稻少插 6.9 万 hm²,220 万人饮水困难,全省因夏旱造成经济损失 13.5 亿元。9 月中旬至 11 月中旬,湘中、湘南、湘北继夏旱后,又出现秋旱,全省 66.7 万 hm² 冬作物和春粮受旱,近 6.7 万 hm² 油菜、绿肥因无水而无法种下,100 多万人饮水困难。全省全年农作物受旱面积 100.7 万 hm²,成灾面积 44.7 万 hm²,因灾减产粮食 11.0 亿 kg。

(8)1992 年全省性干旱

湖南省全省发生夏秋冬三季连旱,属全省性大旱年。干旱持续时间长,受旱范围广,灾情以湘中、湘南和湘西地区较为严重。全省 7 月上旬末至 8 月上旬降水稀少,8 月 15 日至 11 月 30 日的近 110 天里,全省大部分地区降水在 100mm 以下,比同期平均值少 70%～90%,出现了历史上少有的秋旱。

根据灾情统计,1992 年全省有 3144 个乡镇受到干旱威胁,水利工程蓄水仅占蓄水量的 15%,是自有水文资料以来最少的一年,9 月底全省有 12 座中型水库和 3266 座小型水库干涸、107.9 万处塘坝枯竭,12702 条溪河断流,384 万人饮水困难。全省冬种面积比上年同期少 66.7 万 hm²,农作物受旱面积 109 万 hm²,成灾面积 54 万 hm²,因灾减产粮食 8.7 亿 kg。

(9)1998 年全省性干旱

6 月下旬末至 7 月中旬初,湖南省内各地雨季相继结束,郴州、永州、邵阳、衡阳、株洲等地一直受副热带高压控制,加上厄尔尼诺现象滞后的影响,西太平洋和南海一带海域热带气旋活动很弱,热带风暴和台风难以形成和影响湖南,导致湖南南部区域长时间维持晴热高温天气,形成了自 1950 年以来最严重的夏秋冬春四季连旱,属全省性大旱年。郴州市干旱之重为 1950 年以来之最,永州市处于历史第 2 位;株洲市 6 月下旬以后出现了 44～50 天的高温少雨天气,最高气温在 38.5～39.9℃;茶陵、炎陵接近和超过历年最高纪录,攸县、茶陵、炎陵出现 45～61 天的夏秋连旱;株洲、醴陵也出现连续 20 天基本无雨的旱情,干旱期间的降水比历年同期偏少 50%～100%;邵阳市从 7 月至次年 6 月大旱,全市各月平均降水量均偏少,干旱时间长、强度大;怀化 7 月底相继结束雨季后,各地出现了 35～60 天不等的夏秋干旱。

根据灾情统计,全省农作物受旱面积 70.4 万 hm²,成灾面积 36.5 万 hm²,全年因灾减产粮食 7.8 亿 kg,直接经济损失 13.7 亿元。其中,株洲市 6 个县、119 个乡、1100 个村组受灾,104 座水库无水可放,2.97 万口山塘干涸,430 条溪河断流,9.2 万人、5.56 万头牲畜饮水困难;怀化市全市因旱受灾人口 30 余万,成灾人口 10 余万,3 万余人饮水困难,农作物成灾面积 0.63 万 hm²,绝收面积 0.26 万 hm²,减产粮食 5700 万 kg,农业直接经济损失 8644 万元。

(10)2003 年全省性干旱

湖南省发生严重的夏伏旱,属全省性大旱年。自 6 月中下旬开始,全省降雨分布不均匀。6 月 29 日以来全省大部分时间维持在 35℃ 以上高温天气,部分市(县)最高气温超过 40℃,炎陵县突破 41.6℃。长沙连续 35℃ 以上高温时间达 28 天,创新中国成立以来历年同期最新纪录。8—9 月,全省 14 个市(州)中绝大部分降雨较历年同期均值偏少,部分市(州)偏少 60%～90%。干旱期间,连续 1 个月以上无降雨的站点约 30 个,有的县(市、区)连续 50 多天没有明显降雨。夏秋连旱,受旱持续时间长。

根据灾情统计,全省 14 个市(州)、117 个县(市、区)、2169 个乡镇受旱,受旱耕地面积达 2632 万亩,有 23232 个村民小组、234.75 万人、89.78 万头大牲畜饮水困难。全省因灾减产粮食 178 万 t,各类经济损失达 58 亿元,其中农业损失 33 亿元。

(11)2005 年全省性干旱

2005 年为湖南省全省性干旱年。6 月中旬开始,持续晴热高温,降雨明显偏少,湘西北、湘中、湘南等地开始出现干旱,随着蒸发加剧,旱情发展迅速。6 月 1 日至 7 月 6 日张家界市平均降水量为 111.4mm,比多年平均降水量偏少 60%;全市平均降水量仅 19.7mm。据全市 4 个区(县)、18 个雨量点统计,6 月全市平均降水量 101mm,其中永定区仅 67mm,比多年同期平均降水量偏少 70.2%。凤凰县年降水量 937mm,比特大干旱的 1974 年(年降水量 932mm)仅多 5mm,9 月的前 22 天只降雨 4.8mm,仅为多年同期平均值 70mm 的 6%。

根据灾情统计,7 月上旬全省有 7 个市(州)、28 个县(市、区)受旱。至 8 月中旬受旱高峰时,全省 14 个市(州)、109 个县(市、区)、1770 个乡镇受旱,局部地方旱情严重,农作物枯死,库塘干枯,溪河断流,人畜饮水困难。9 月,湘南、湘中、湘西等地又出现晴热少雨现象,蓄水偏少,旱情发展,尤其是人畜饮水比较困难。10 月 10 日受旱高峰时,全省有 9 个市(州)、75 个县(市、区)、1301 个乡镇受旱,农作物受旱面积 48.33 万 hm²,因旱造成 1.29 万个村、95.66 万人、94.5 万头大牲畜饮水困难。

(12)2007 年全省性干旱

2007 年初,湘西北部分地区出现了春旱,6—8 月,湘东、湘中及以南地区发生了自 1973 年有资料记载以来最严重的旱灾。3 月降雨较历年同期均值偏少 19.6%,受降雨偏少影响,3 月上旬至 4 月中旬,湘西自治州、张家界、怀化、益阳等地出现了不同程度的春旱。6 月下旬以后,全省降雨持续偏少,晴热高温时间长,蒸发量逐步加大,导致旱情出现早、发展快、时间长,湘东、湘中及以南广大地区出现了严重的夏秋连旱。

根据灾情统计,3 月上旬至 4 月上旬的春旱共有 27 个县、323 个乡镇受旱,受旱作物面积 22.17 万 hm²,其中轻旱 15.09 万 hm²,重旱 7.08 万 hm²,缺水缺墒面积 3.54 万 hm²,有 27.13 万人口、13.81 万头大牲畜饮水困难。全省干旱最严重的时期为 7 月下旬截至 8 月中旬。截至 8 月 10 日,全省 12 个市(州)、105 个县(市、区)、1660 个乡镇不同程度受旱,农作物最大受旱面积达 120.5 万 hm²,因旱造成 17342 个村民小组、145 多万人、90 多万头大牲畜出现临时饮水困难。1336 座水库、31 万多处山平塘干枯,3600 多条溪河断流。

(13)2009 年全省性干旱

全省发生夏秋连旱,属全省性大旱年。夏初湘西北和湘东南部分地区开始出现气象干旱,继而向湘中发展。7 月大范围、长时间的高温少雨天气导致干旱迅速蔓延,至 8 月初笼罩全省。9—10 月全省降雨较常年偏少 60%,形成夏秋连旱。根据综合气象干旱指数监测,2009 年各级别的干旱日数较常年偏多,全省平均气象干旱日 126 天,87 个县(市)出现重旱,38 个县(市)出现特旱。全省平均高温日数 38 天,位居历史第 3 高位,其中湘东、湘南以及湘西大部地区高温日数都在 40 天以上,有 18 个县(市)高温日数创历史新高。2009 年全省平均降水量 1185mm,较常年偏少 15%,为新中国成立以来的第 5 低值。有 30 个县(市)偏少 20%以上,其中炎陵县偏少近 40%。7—9 月,湘西北、湘南、湘中干旱。

根据灾情统计,全省农作物累计受旱面积达 75.3 万 hm²,其中成灾 42.46 万 hm²,绝收 10.7 万 hm²,因旱造成粮食损失 208.94 万 t,经济作物损失 21.01 亿元,林牧业和水产养殖业直接经济损失 9.08 亿元。全年共有 169.12 万农村人口、59.31 万头大牲畜因旱饮水困难。

(14)2013 年全省性干旱

湖南省发生严重的夏伏旱,属全省性大旱年。从 6 月下旬开始,全省大部分地区出现持续晴热高温少雨天气,降雨严重偏少,平均降雨仅 39.4mm,较历年同期均值 184.6mm 偏少 78.7%,为自 1951 年以来历史同期最少,四水部分一级或二级支流出现断流或创历史新低水位。其中娄底、湘潭、邵阳、衡阳 4 市降雨不到 15mm,较历年同期均值偏少 90%以上,35 个县(市、区)降雨不到 5mm。全省平均无雨日达 41 天,为自 1951 年以来历史同期之最,部分站点从 6 月中旬开始近两个月无有效降雨。7 月 1 日至 8 月 19 日,全省平均超过 35℃的高温日数(35.1 天)、高温最长持续时间(48 天,衡山、长沙)、单日 40℃以上的高温范围和强度均破自 1951 年以来历史同期最高纪录,其中 58 个县(市、区)高温持续时间破当地历史同期最长纪录。全省实测累计蒸发量达 234.2mm,较历年同期均值 173.4mm 偏多 35.1%,超过历史同期最高纪录。

根据灾情统计,全省农作物累计受旱面积达 2576 万亩,其中成灾 1702 万亩,绝收 529 万亩,粮食因旱损失 334 万 t,87 亿元,经济作物因旱损失 86 亿元,其他行业直接经济损失 48 亿元。全年共有 338 万农村人口、107 万头大牲畜因旱饮水困难。至 8 月中旬,全省 3707

条溪河断流,其中 50km² 以上河流 359 条,2822 座小型水库、52.3 万处山塘干涸。

(15)2022 年全省性干旱

7月上旬开始,受持续高温少雨天气影响,湖南省发生了自 1961 年有实测记录以来最严重的干旱。按照气象水文干旱等级划分,2022 年属于特旱年。本次干旱过程主要分为 5 个阶段:干旱露头期(7月下旬至8月上旬)、干旱暴发期(8月中旬至9月上旬)、干旱持续期(9月中旬至 10 月上旬)、干旱波动期(10 月中旬至 11 月上旬)、干旱缓解期(11 月中旬至 11 月底)。7月以来,全省平均气温 26.3℃,较常年同期偏高 2.1℃,35℃ 以上高温日数达 55.3 天,较常年平均(23 天)偏多 32.3 天,二者均为自 1961 年以来历史同期第 1 位。同年,全省平均累计降雨量 179mm,较常年同期(497.2mm)偏少 64%,为自 1961 年以来历史同期最少。干旱最严重时,全省重旱以上等级县(市、区)122 个,特旱 117 个,单日重旱以上和特旱县(市、区)数均破历史纪录。顶峰时全省中度、重度、特大水文干旱面积分别占全省面积的 99%、94%、68%,全省 39 个水文站水位一度接近或低于历史最低水位,流域面积 50km² 以上的 101 条河流断流,全省大部发生不同程度农业干旱和群众因旱饮水困难。

根据灾情统计,全省农作物累计受旱面积 1148 万亩,其中受灾 711.7 万亩、成灾 319.9 万亩、绝收 58.2 万亩,因旱造成粮食损失 28.5 万 t、7.5 亿元,其他行业直接经济损失 9.8 亿元,全年有 46.7 万农村人口、12.8 万头大牲畜因旱饮水困难。全省农作物成灾面积为自 1999 年以来多年均值的 40.2%,因旱造成粮食损失为多年均值的 15%,因旱饮水困难人口约占全省农村总人口的 1%。

3.3　山丘区旱灾成因分析

旱灾是指在旱情发生后由于水源、水利基础条件或经济条件的限制,未能及时采取必要的抗旱措施,而造成农田减产、城镇工业生产受到损失、生态恶化的现象,是主要的自然灾害之一。干旱形成的原因是复杂的,它不仅与降水的多少和利用程度有关,而且随土地性质、森林植被、河流分布、水利设施、作物种类、耕作制度、人类活动不同而异。但诸多因素中,降水的多少是主要的,而降水的多少受自然地理与大气环流所制约。统计表明,1961—2021 年湖南省 8—11 月的降水日数减少了约 28%,而气象干旱日数增多了约 10%,旱季更旱的风险在增大。全球变暖背景下极端天气气候事件也日渐多发、频发、重发。

3.3.1　自然地理因素影响

湖南省的地形特点是东、南、西三面环山,整体为西高东低,南高北低、朝东北开口的不对称马蹄形盆地。湖南省所处纬度偏南,日照期长。夏季,南方海洋暖湿气流吹入后下沉;秋季,由于极地气团与温带气团的交界面逐渐南移,副热带高压北移西伸,受单一的暖气流稳定控制,晴热少雨。湘南、湘中南地区多处于暖湿气流的背风雨区,这一时期常常出现干热风及干热期,以湘江流域最为严重,衡阳最长达一个月,部分丘陵区为 15 天左右,长沙 10

天左右。该时段正值双季晚稻需水季节,水量供需矛盾突出,极易发生干旱。此外,降雨受地形、地貌影响,地域上差别很大。受地形影响,山区中的衡邵丘陵区和沅江上游及中游山间盆地区为省内的降雨低值区。

3.3.2　降雨时空分布不均

湖南省多年平均降雨 1450mm,折合水量 3080 亿 m^3。降雨时间分布上,较大部分地区雨量集中在雨季 3 个月的数场暴雨,一般占全年的 40%～50%,按正常年景,湘江、资水流域雨量集中在 4—6 月,沅江、澧水雨量集中在 5—7 月;7—9 月是中、晚稻需水高峰期,但降水量稀少,一般只占全年总降水量的 20% 左右。湖南省各市(州)代表站历年与干旱典型年月平均降水量统计及距平分析成果见表 3.3-1。

3.3.3　降雨量与需水量极不平衡

在时间分配上,湖南省一般 4—7 月降雨量占全年降雨量的 50%～70%,与水稻生长期的需水量差额太大。按正常年景,湘江、资水流域雨季在 4—6 月,沅江、澧水流域雨季在 5—7 月。7—9 月是中、晚稻需水的高峰期,但降水量稀少,一般只占全年总降水量的 20% 左右,降水量的时空分布不均与农作物集中需水期之间形成了极大的反差。一般年份,湖南省干旱期分为两个阶段:第一阶段出现在 6 月底至 7 月下旬,第二阶段出现在 8 月中旬至 9 月下旬。两个旱期之间(7 月底至 8 月上旬)常因热带低压、台风等天气系统的影响而发生降水,才能使旱情得到缓和。

3.3.4　土壤结构和森林植被影响

全省土壤分为地带性土壤和非地带性土壤,共有 9 个土类,24 个亚类,111 个土属,418 个土种。山丘区的土壤大部分属红壤和黄壤,并以武陵源雪峰山东麓一线划界,此线以东红壤为主,以西黄壤为主。红壤分布面广,占丘陵区的 70%～80%。此类土壤植被差、岩石裸露、光山秃岭、草木稀少、保水性能极差,一遇晴热少雨天气,极易形成干旱;衡邵盆地和湘西山间盆地就是典型的受土壤和地质条件影响的易旱地区。

表3.3-1　　　　湖南省各市(州)代表站历年与干旱典型年月平均降雨量统计及距平分析成果

(单位：mm)

项目	长沙	株洲	湘潭	衡阳	邵阳	岳阳	常德	张家界(大庸)	益阳	娄底	郴州	永州(零陵)	怀化	湘西(吉首)	均值
1月雨量	60.7	61.9	63.2	71.1	69.3	67.0	70.1	67.4	74.5	74.9	65.6	64.9	63.8	64.1	67.0
2月雨量	68.7	71.6	73.2	88.5	84.3	79.7	84.4	76.8	93.3	93.5	79.3	79.6	72.2	73.3	79.9
3月雨量	104.1	109.6	109.9	136.3	128.1	119.7	127.6	110.8	145.3	142.9	117.9	118.0	108.1	110.2	120.6
4月雨量	149.5	153.3	150.2	169.4	167.6	163.8	167.7	163.3	178.6	175.6	169.0	171.1	156.4	154.9	163.6
5月雨量	197.4	193.9	192.1	196.9	200.0	201.6	201.1	203.7	199.4	199.2	196.4	197.2	203.9	198.5	198.7
6月雨量	187.0	185.8	182.8	173.6	187.8	197.7	195.0	216.2	186.2	178.9	203.1	206.1	201.5	192.8	192.5
7月雨量	130.7	121.3	117.7	110.9	121.2	129.1	123.9	144.6	114.8	111.8	135.0	142.5	135.6	129.8	126.4
8月雨量	125.7	121.4	119.2	116.7	119.6	124.0	124.4	133.3	119.5	119.3	130.3	131.7	127.0	125.1	124.1
9月雨量	71.1	68.7	68.4	58.5	64.0	66.5	66.1	78.7	68.2	64.4	75.8	78.1	72.5	68.7	69.3
10月雨量	80.5	78.4	77.7	71.4	75.5	78.0	76.7	86.7	72.0	72.9	82.9	84.6	82.9	80.5	78.6
11月雨量	67.8	68.2	68.1	76.0	74.3	72.7	74.9	72.4	77.1	77.5	71.2	72.4	69.8	70.5	72.4
12月雨量	42.2	43.3	43.6	49.7	47.7	45.4	47.6	43.8	52.0	52.1	45.0	44.7	43.3	43.8	46.0
4—6月雨量	533.9	532.9	525.1	539.9	555.4	563.2	563.8	583.2	564.1	553.7	568.5	574.4	561.9	546.2	554.7
7—9月雨量	327.5	311.4	305.4	286.0	304.7	319.7	314.4	356.7	302.6	295.6	341.1	352.3	335.1	323.6	319.7
8—9月雨量	196.8	190.1	187.7	175.1	183.6	190.6	190.5	212.0	187.8	183.7	206.1	209.9	199.5	193.8	193.4
4—9月雨量	861.5	844.3	830.4	825.9	860.1	882.9	878.3	939.9	866.7	849.3	909.6	926.7	897.0	869.8	874.5
1—12月雨量	1285.5	1277.4	1266.3	1319.0	1339.5	1345.4	1359.6	1397.9	1381.0	1363.0	1371.5	1390.9	1337.1	1312.3	1339.0
1963年全年雨量	898.9	1067.8	1029.4	1103.0	1055.6	855.5	1198.7	1703.9	1223.0	1038.9	1038.9	1103.8	1279.3	1512.4	1152.9
1963年全年雨量距平	-32.8	-21.8	-24.4	-14.0	-19.0	-34.8	-13.1	25.6	-26.6	-7.9	-28.0	-20.9	-6.8	8.6	-15.0
1963年4—9月雨量	504.2	614.4	560.5	559.1	541.7	477.7	776.6	1329.8	597.5	664.8	432.5	575.3	660.9	997.0	663.7
1963年4—9月雨量距平	-41.7	-28.9	-35.4	-29.5	-36.9	-45.3	-16.4	36.8	-36.6	-23.5	-53.0	-35.6	-28.5	-3.4	-26.1

续表

项目	长沙	株洲	湘潭	衡阳	邵阳	岳阳	常德	张家界（大庸）	益阳	娄底	郴州	永州（零陵）	怀化	湘西（吉首）	均值
1963 年 4—6 月雨量	398.4	438.0	417.8	338.0	378.3	343.5	464.1	672.1	367.9	437.8	329.9	377.0	374.0	612.1	424.9
1963 年 4—6 月雨量距平	-32.2	-26.5	-29.7	-39.3	-34.2	-49	-17.8	17.2	-37.9	-24.4	-44.4	-36.5	-39.2	3.3	-27.3
1963 年 7—9 月雨量	105.8	176.4	142.7	221.1	163.4	134.2	312.5	657.7	229.6	227.0	102.6	198.3	286.9	384.9	238.3
1963 年 7—9 月雨量距平	-61.7	-29.7	-47.8	-6.5	-42.3	-54.3	-14.9	55.4	-34.3	-21.9	-68.6	-32.0	-10.4	-3.6	-23.7
1978 年全年雨量	1057.8	1217.3	1089.5	1144.6	1159.3	994.2	926.7	1117.2	1146.0	1061.6	1307.1	1186.7	1073.3	1154.0	1116.8
1978 年全年雨量距平	-21.0	-10.9	-19.9	-10.7	-11.1	-24.2	-32.8	-17.6	-21.4	-200.0	-9.4	-15.0	-21.8	-17.1	-18.0
1978 年 4—9 月雨量	678.5	747.6	648.9	751.3	771.8	602.7	559.9	765.9	650.1	727.7	899.6	779.0	741.6	774.0	721.3
1978 年 4—9 月雨量距平	-21.5	-13.5	-25.2	-5.2	-10.1	-31.0	-39.7	-24.8	-31.0	-16.3	-2.2	-12.9	-19.7	-25.0	-19.7
1978 年 4—6 月雨量	530.8	545.6	461.9	596.2	558.0	448.0	403.2	513.4	429.3	524.7	622.3	600.8	509.S	549.5	521.0
1978 年 4—6 月雨量距平	-9.8	-8.4	-22.3	7.2	-3.0	-21.7	-28.6	-10.5	-27.5	-9.4	4.9	1.2	-17.1	-7.3	-11.0
1978 年 7—9 月雨量	147.7	202.0	187.0	155.1	213.8	154.7	156.7	252.5	220.8	203.0	277.3	178.2	231.2	224.5	200.3
1978 年 7—9 月雨量距平	-46.6	-19.5	-31.6	-34.4	-24.6	-47.3	-57.3	-40.3	-36.9	-30.2	-15.2	-39.0	-27.8	-43.8	-36.0
1985 年全年雨量	979.2	1167.7	1055.1	1093.1	986.8	1077.5	1088.5	1039.5	1135.1	1045.9	1480.4	1269.8	871.2	1367.6	118.4
1985 年全年雨量距平	-26.8	-14.5	-22.5	-14.8	-24.3	-17.8	-21.1	-23.4	-22.2	-21.2	2.7	-9.0	-36.5	-1.8	-18.0
1985 年 4—9 月雨量	490.9	542.0	483.2	S45.5	506.2	579.3	600.9	708.1	562.8	538.7	1033.3	678.3	471.3	940.4	619.2
1985 年 4—9 月雨量距平	-43.2	-37.3	-44.3	-31.2	-41.0	-31.6	-35.3	-30.5	-40.2	-38.1	9.0	-24.1	-49.0	-0.9	-31.0
1985 年 4—6 月雨量	300.1	283.8	267.7	312.5	278.0	361.0	363.3	301.5	348.8	315.3	357.6	371.4	361.2	449.2	333.7
1985 年 4—6 月雨量距平	-49	-52.4	-55	-43.8	-51.7	-36.9	-35.6	-47.4	-41.1	-45.5	-36.7	-37.5	-41.3	-24.2	-42.9
1985 年 7—9 月雨量	190.8	258.2	215.5	233.0	228.2	236.3	237.6	406.6	214.0	223.4	645.7	306.9	110.1	491.2	285.5
1985 年 7—9 月雨量距平	-31	2.9	-21.1	-1.4	-19.5	-19.5	-35.3	-3.9	-38.8	-23.2	97.4	5.1	-65.6	23.0	-9.0
2003 年全年雨量	1138.1	1130.6	1087.5	1048.3	1139.0	1389.5	1332.3	1827.7	1319.2	1028.9	1072.2	1166.5	1274.9	1316.4	1233.6

续表

项目	长沙	株洲	湘潭	衡阳	邵阳	岳阳	常德	张家界（大庸）	益阳	娄底	郴州	永州（零陵）	怀化	湘西（吉首）	均值
2003年全年雨量距平	-11.5	-11.5	-14.1	-20.5	-15.0	3.3	-2.0	30.7	-4.5	-24.5	-21.8	-16.1	-4.7	0.3	-8.0
2003年4—9月雨量	744.8	769.9	729.3	676.4	833.0	945.4	944.7	1439.4	848.8	680.2	787.6	840.2	918.2	921.5	862.8
2003年4—9月雨量距平	-13.5	-8.8	-12.2	-18.1	-3.2	7.1	7.6	53.2	-2.1	-19.9	-13.4	-9.3	2.4	5.9	-1.7
2003年4—6月雨量	611.7	606.8	650.7	572.1	639.2	743.9	623.4	675.7	639.7	566.8	545.5	678.6	710.0	547.7	629.4
2003年4—6月雨量距平	14.6	13.9	23.9	6.0	15.1	32.1	10.6	15.9	13.4	2.4	-4.0	18.2	26.4	0.3	13.5
2003年7—9月雨量	133.1	163.1	78.6	104.2	193.8	201.5	321.3	763.7	209.1	113.4	242.1	161.5	208.2	373.8	233.4
2003年7—9月雨量距平	-59.4	-47.6	-74.3	-63.6	-36.4	-37.0	2.2	114.1	-30.9	-61.6	-29.0	-54.2	-37.9	15.5	-28.6
2013年全年雨量	984.7	1091.9	1074.6	827.7	836.8	849.6	1227.9	1218.1	1046.1	797.7	1132.6	1021.4	1000.9	941.2	1003.7
2013年全年雨量距平	-12.3	-11.8	-10.6	-38.0	-38.9	-34.3	11.3	4.2	-13.4	-36.1	-13.7	-21.5	-22.5	-16.6	-25.0
2013年4—9月雨量	755.9	744.6	742.5	512.0	525.5	580.1	977.4	979.6	750.7	542.9	784.7	727.1	695.6	725.8	717.4
2013年4—9月雨量距平	-12.3	-11.8	-10.6	-38.0	-38.9	-34.3	11.3	4.2	-13.4	-36.1	-13.7	-21.5	-22.5	-16.6	-18.2
2013年4—6月雨量	587.0	551.3	600.6	365.3	328.9	390.2	488.5	481.7	466.4	372.5	463.0	445.2	458.2	401.7	457.2
2013年4—6月雨量距平	9.9	3.4	14.4	-32.3	-40.8	-30.7	-13.4	-17.4	-17.3	-32.7	-18.6	-22.5	-18.5	-26.5	-17.3
2013年7—9月雨量	168.9	193.3	142.0	146.7	196.6	189.8	488.9	498.0	284.2	170.4	321.7	281.8	237.4	324.0	260.3
2013年7—9月雨量距平	-48.4	-37.9	-53.5	-48.7	-35.5	-40.6	55.5	39.6	-6.1	-42.3	-5.7	-20.0	-29.1	0.1	-19.5

3.3.5　水质性缺水

随着经济建设的不断发展,工业化、城市化进程的不断推进,污染物长期大量、无序地排放,造成了严重的水环境污染。同时,水质污染问题也十分突出,目前全省直排江河的工业废水与 20 世纪 80 年代相比增加了 1 倍,城市生活污水增加了 2.5 倍。这既破坏了水环境,又浪费了水资源,形成水质性缺水。

湖南省 65% 的城市供水水源地为河道型供水水源地,80% 的城市供水量取自河道,大部分水源为Ⅲ类水质,且城乡取水口、排污口交错布局,饮用水水源地保护压力大;农村饮水水源地保护工程建设基础薄弱,水质处理措施不完善。全省优质水资源供给能力不高,部分水源面临重金属超标污染风险,大中型水库 90% 以上为Ⅱ类及以上水质,但主要用于对水质要求不高的发电和农田灌溉,优水没有得到优用。

3.3.6　经济社会因素影响

在过去的 2000 余年中,旱灾与水灾一样,时代愈近,发生愈多,近 300 年所发生的旱灾年次还多于前 1800 年,究其原因,除历史失记外,可能是近 300 年人口增多,人口急剧增长,垦殖面积扩大,植被遭到破坏,耕作制度发生变化,而农田灌溉事业没有相应地得到发展所致。湖南大多数地区为山地、丘陵区,因地势起伏不平,不利于蓄水,抗御干旱的能力不强;此外,大气环流,往往造成特殊的不正常天气,致使降雨量偏少或在时间、空间上分配极不平衡,这些都是酿成旱灾的主要原因。

3.3.7　工程设施蓄水保水能力弱

目前湖南省水利工程设施的抗旱能力仍受到制约,主要面临着两大威胁:一是现有水利工程设施面临着萎缩衰老的"危机";二是水利工程保安、维修、更新、配套任务大。全省尽管已建成大小水库 13737 座(占全国的 1/7),但蓄水、保水、抗旱能力仍然不强,已建水库病险多,日趋老化,水库蓄水抗旱效益没有得到充分发挥。每年在汛期到来之前,这些病险水库要严格按度汛方案降低蓄水位迎汛,确保水库大坝安全,汛后由于降雨少,一般不能很好地蓄足水量,防洪与兴利的矛盾十分突出。这些病险水库如能正常蓄水,将大大提高抗旱能力。

从灌溉设施来看,灌区工程存在建设不配套,渠系及其建筑物老化严重的情况。大部分灌区工程设施存在管理维护不及时、基础设施落后的现象,无法充分发挥灌溉调节能力。这导致全省农田灌溉水有效利用系数较低,全省灌溉面积仅占耕地面积的 75%。水资源沿程漏损严重,且部分大型水库(如五强溪、柘溪、凤滩等)以发电为主,蓄水得不到灌溉调节利用。

3.4　山丘区旱灾防治现状

3.4.1　工程措施

水利工程是抗旱减灾的基础。统计至 2020 年底,湖南省境内蓄、引、提、调、水井及其他水源工程的供水能力为 528.25 亿 m³。湖南省已建成大、中、小型水库 13737 座,现状供水能力约 255.48 亿 m³。其中,大型水库 50 座,总库容 373.46 亿 m³;中型水库 366 座,总库容 100.24 亿 m³;湖南省已建成塘坝 1665077 座,窖池 48473 口,现状供水能力 77.60 亿 m³;湖南省河湖引水工程现状供水能力 73.15 亿 m³;河湖取水泵站现状供水能力约 74.16 亿 m³;机电井工程供水能力约 15.29 亿 m³;非常规水源利用工程供水能力约 13.33 亿 m³。

湖南省城乡供水工程共 3340155 处,年设计供水量约 85.94 亿 m³;城乡供水工程设计受益人口 8476.35 万人,其中城乡集中式供水工程设计受益人口 7464.68 万人,设计年供水量 78.77 亿 m³;农村分散式供水工程受益人口 1011.67 万人,设计年供水量 7.17 亿 m³。

湖南省拥有大型灌区(灌溉面积 30 万亩以上)23 处,设计灌溉面积 960.3 万亩,有效灌溉面积 793.8 万亩;重点中型灌区(灌溉面积 5 万～30 万亩)159 处,设计灌溉面积 1376.7 万亩,有效灌溉面积 1011.6 万亩;一般中型灌区(灌溉面积 1 万～5 万亩)481 处,设计灌溉面积 982.4 万亩,有效灌溉面积 708.6 万亩;小型灌区(0.2 万～1 万亩)1454 处,设计灌溉面积 606.9 万亩,有效灌溉面积 480.9 万亩。

通过"蓄、引、提、调、连"等措施优化水资源配置,特别是在发生严重干旱时,通过发挥大型骨干水利工程跨流域调水的作用,实现了跨区域的水量科学调度,有效保障了城乡居民生活、工农业生产和生态用水安全。

3.4.2　非工程措施

防旱抗旱非工程措施主要包括抗旱组织机构、政策法规、抗旱服务组织、抗旱预案、抗旱指挥调度系统建设和旱情监测等方面。

湖南省建立了行之有效的省、市、县 3 级抗旱指挥体系,完善了以行政首长负责制为核心的水旱灾害责任制。随着《中华人民共和国抗旱图例》等法律法规的颁布实施,以及水旱灾害防御非工程措施的不断完善,湖南省编制完成了一湖四水及其主要支流的抗旱预案等,形成了较为完备的法规预案体系。

截至 2020 年底,湖南省建成了连接国家、流域和全省 14 个市(州)、122 个县(市、区)的水旱灾害防御视频会商系统,部分地区还延伸到乡镇、社区;建立健全了全省旱灾旱情实时在线统计报送制度,收集实时旱情,按照《水旱灾害统计报表制度》的规定逐级上报受旱情况,遇旱情急剧发展时及时加报。

经过多年建设,湖南省初步形成了以一湖四水及其主要支流、重要水利工程水文控制站网为骨干,261条重点中小河流水文测报、重点地区土壤墒情监测站点为补充的旱情监测预报预警体系。该旱情监测预报预警体系对水雨情、水库、塘坝、河道、湖泊蓄水、地下水、墒情和蒸发量进行实时监测统计,并结合天气预报预测未来5~7天的水情、墒情、旱情发展趋势,定期报同级抗旱指挥机构。旱情监测预警中的信息主要包括干旱发生的时间、地点、程度,受旱范围,影响人口,土壤墒情,蓄水和城乡供水情况以及灾害对城镇供水、农村人畜饮用水、农业生产、工业生产、林牧渔业、水力发电、内河航运、生态环境等方面造成的影响。

此外,水利部门积极组织开展防旱抗旱工作培训演练,利用网络、电视、新媒体等宣传手段,加大防旱抗旱有关工作宣传力度,不断提高和加强全民的干旱灾害防范意识。

3.4.3　抗旱物资储备

抗旱物资储备是抗旱工作开展的重要保障。根据目前掌握的资料,湖南省各地配置挖掘机113台,打井机143台,水泵9259台,净水设备70套等,物资价值29090万元;全省砂卵石、块石储备点储备砂卵石162.96万 m^3(未计省直管沅江仓库的6.50万 m^3),块石40.40万 m^3,省级储备占16.10%;全省各地设有仓库406座,库区面积18.54万 m^2。湖南省防汛抗旱物资仓库信息汇总见表3.4-1。

表3.4-1　　　　　　　　　　　　湖南省防汛抗旱物资仓库信息汇总

序号	市(州)、县(市、区)	库区面积 (m^2)	仓库数量 (座)	库房间数 (间)	库房总面积 (m^2)	备注
1	长沙市	39076.3	41	89	12784.4	
2	株洲市	17425.5	33	49	5254.2	
3	湘潭市	13086.0	24	53	3165.0	
4	岳阳市	55842.0	73	234	17317.0	含中央
5	常德市	11625.0	21	60	3761.4	
6	益阳市	6924.0	17	36	3622.0	含省直
7	衡阳市	11085.0	16	45	4435.0	
8	邵阳市	2983.0	23	42	2777.0	
9	永州市	2086.0	26	40	2536.0	
10	郴州市	5534.0	81	98	4754.0	
11	怀化市	3996.0	14	40	2810.0	
12	娄底市	1410.0	10	18	1450.0	
13	湘西自治州	13203.5	19	65	2947.5	
14	张家界市	1156.0	8	12	956.0	

第4章　洞庭湖区水旱灾害

4.1　洞庭湖区概况

4.1.1　江湖关系变化

20 世纪 50 年代以来,由于自然演变,加之下荆江裁弯、上游葛洲坝和三峡水利枢纽的兴建等,荆江三口分流分沙总体呈减小趋势。根据江湖水沙变化情况,将 20 世纪 50 年代以来划分为 5 个时间段,以分析江湖关系变化。

第一阶段:1956—1966 年,下荆江裁弯前。

第二阶段:1967—1972 年,下荆江中洲子、上车湾、沙滩子裁弯期。

第三阶段:1973—1980 年,下荆江裁弯后至葛洲坝截流前。

第四阶段:1981—2002 年,葛洲坝截流运行期至三峡水库蓄水运用前(其中 1999—2002 年期间荆江河段主要站点水位流量关系相对稳定,荆南三口分流能力变化不大)。

第五阶段:2003 年以来,三峡水库蓄水运用后。

近 70 余年来,江湖关系变化表现为洞庭湖淤积萎缩,三河断流期延长,分流分沙持续减少等。三口洪道以及三口口门段的淤积萎缩造成了三口通流水位逐渐抬高。由于上游来水影响,松滋口沙道观、太平口弥陀寺、藕池河管家铺、藕池河康家岗 4 站连续多年出现断流,且年断流天数增加。三峡水库蓄水运用后,随着分流比的减小,三口断流时间也有所增加。2003—2012 年,沙道观、弥陀寺、管家铺、康家岗 4 站平均年断流天数分别为 199 天、141 天、185 天、266 天,而在 2013—2018 年,上述 4 站平均年断流天数分别为 164 天、141 天、174 天、288 天。三峡水库等长江上游控制性水库群联合运用后三口断流天数的减小,主要与枝城站来水相较前期偏多有关,尤其是在枯水期 12 月至次年 4 月,枝城站逐月来水量增幅均值达到了 33.6%。在三峡水库主要蓄水期(9—10 月),出库流量大幅减小,从而使得除弥陀寺站 2003—2018 年 9—10 月平均断流天数与 1991—2002 年 9—10 月相同且均为 0 天外,沙道观、管家铺、康家岗站 9—10 月平均断流天数分别由 1991—2002 年的 3 天、2 天、27 天增多至 2003—2018 年的 13 天、8 天、36 天。2013—2019 年,各站 9—10 月平均断流天数分别为 7 天、7 天、11 天、47 天,除松滋口沙道观外,其余各站蓄水期断流天数均有所增加,主要与 9 月枝城来水明显减小、干支流河床不对等冲刷引起的三口分流能力减小有关。三口控制站年断流天数统计见表 4.1-1。

表 4.1-1　　　　　　　　　　　三口控制站年断流天数统计

时段		三口控制站分时段多年平均年断流天数（天）			
		松滋口	太平口	藕池口	
		沙道观	弥陀寺	管家铺	康家岗
1956—1966 年	下荆江裁弯前	0	35	17	213
1967—1972 年	下荆江裁弯期	0	3	80	241
1973—1980 年	下荆江裁弯后	71	70	145	258
1981—1998 年	葛洲坝运行期—	167	152	161	251
1999—2002 年	三峡水库蓄水运用前	189	170	192	235
2003—2018 年	三峡水库蓄水运用后	188	137	180	273
2019 年		160	145	180	262
2020 年		130	193	190	243

注：资料来源于湖南省水文水资源勘测中心。

三峡水库蓄水运用后，上游来沙大幅度减少，清水下泄，荆江河段河道冲刷加剧。洞庭湖的水沙来源主要为三口洪道和四水，2003—2018 年宜昌站年径流量略有减少，较 1991—2002 年降低 4.5%，但年输沙量减少了 91%，进入长江中下游江湖系统的泥沙大幅减少，长江中下游江湖系统的水沙条件发生了根本性改变。同时，三峡水库的蓄水调节运用调平了坝下游河道年内流量过程，延长了中枯水量的持续时间。水沙条件的变化对长江中下游江湖系统的冲淤演变以及江湖关系变化产生密切影响。清水下泄加剧了坝下游河道的冲刷。三峡水库蓄水运用前，坝下游河道整体冲淤平衡，具体表现为"上冲下淤"和"冲槽淤滩"，其中荆江河段总体呈冲刷趋势。三峡水库蓄水后，坝下游河道发生了长距离冲刷调整，整体表现为"滩槽均冲"。1992—2002 年，荆江河道总冲刷量为 0.5 亿 m^3 左右，而 2003—2018 年，荆江河道总冲刷量达 11.38 亿 m^3。清水下泄还造成了三口河道冲淤形势的转变。三峡水库蓄水运用前 50 年，三口口门整体处于淤积状态，藕池口淤积最为严重，太平口次之，松滋口整体冲淤变幅不大。三峡水库蓄水运用后，三口河道发生普遍冲刷，2003—2018 年，三口洪道总冲刷量为 1.78 亿 m^3，口门段均发生不同程度的冲刷下切，松滋口口门受人类采砂活动影响，2011—2016 年发生断面大幅下切。

在干流河床与三口分流洪道共同冲刷并叠加上游水沙条件变化的影响下，三口分流分沙也随之调整变化。自 20 世纪 50 年代以来，三口分流分沙呈逐年减小趋势。三峡水库蓄水运用前，由于干流水位下降以及三口洪道口门淤积，三口分流分沙已呈递减趋势，分流分沙比分别由 1956—1966 年的 29% 和 35%，降低至 1999—2002 年的 14% 和 16%。三峡水库蓄水运用后，2003—2018 年，三口分流分沙比分别为 11.5% 与 20.1%。不同时段枝城站年均径流量与三口分流量、分流比以及与三口分沙量、分沙比对比情况分别见表 4.1-2 和表 4.1-3。

表 4.1-2　　　　　　　　不同时段枝城站年均径流量与三口分流量、分流比对比情况

起止年份	编号	枝城 （亿 m³）	松滋口 （亿 m³）	太平口 （亿 m³）	藕池口 （亿 m³）	三口合计 （亿 m³）	三口分流比 （%）
1956—1966	1	4515	485.1	209.7	636.8	1331.6	29.0
1967—1972	2	4302	445.4	185.8	390.2	1021.4	24.0
1973—1980	3	4441	427.5	159.9	246.9	834.3	19.0
1981—1998	4	4438	376.6	133.4	188.6	698.6	16.0
1999—2002	5	4454	344.9	125.6	154.8	625.3	14.0
2003—2012	6	4093	292.4	92.1	108.7	493.2	12.0
2013—2018	7	4346	295.9	66.0	100.0	461.8	10.6

表 4.1-3　　　　　　　　不同时段枝城站年均径流量与三口分沙量、分沙比对比情况

起止年份	编号	枝城 （万 t）	松滋口 （万 t）	太平口 （万 t）	藕池口 （万 t）	三口合计 （万 t）	三口分流比 （%）
1956—1966	1	55300	5350.0	2400.0	11870.0	19590.0	35.0
1967—1972	2	50400	4840.0	2130.0	7220.0	14190.0	28.0
1973—1980	3	51300	4710.0	1940.0	4440.0	11090.0	22.0
1981—1998	4	49100	4420.0	1640.0	3240.0	9300.0	19.0
1999—2002	5	34600	2850.0	1020.0	1800.0	5670.0	16.0
2003—2012	6	5845	604.4	157.8	356.5	1119.0	19.0
2013—2018	7	1805	238.0	54.3	153.0	445.4	24.7

除三口分流分沙变化外,四水多年径流量并无明显变化趋势,但由于干支流水库的建设运用以及水土保持工程等措施的实施,四水输沙量明显减少。2007—2016 年四水年均输沙量仅为多年平均值的 29%,但由于长江输沙量剧减,四水来沙占洞庭湖入湖泥沙比例反而增大。由于入湖水沙条件的改变,三峡水库蓄水运用后洞庭湖整体转淤为冲,冲淤季节变化仍为洪淤枯冲,但冲淤量级有调整,且淤积期缩短(仅 7—8 月),其余月份均冲刷。三峡水库蓄水运用以来,由于洞庭湖转淤为冲,湖容已有一定程度的恢复,但相比于三峡水库蓄水运用之前,各级水位下湖容均小于三峡水库蓄水运用之前 1994—2003 年的均值,且水位越高湖容减小幅度越大。此外,三峡水库蓄水运用后,长江对洞庭湖的顶托作用显著减弱,除枯水期外,洞庭湖涨水、丰水和退水期长江的顶托作用均显著减弱,由以顶托为主转为拉空,以退水期拉空作用最为显著。

未来,随着长江上游干支流水库群陆续建成运用,水、沙条件变化将更加剧烈,长江干流河床冲刷下切,三口分流量衰减,枯水期提前、时间延长将进一步加剧并呈常态化。同时,洞

庭湖淤积将进一步趋缓,调蓄洪水的能力将得以保持,为改善和调整江湖关系提供了极好的机遇。根据研究预测,三峡水库蓄水运用后江湖关系的变化调整需近百年的时间。

4.1.2　洞庭湖区洪水

（1）水位与流量特征

1）实测年最大洪峰流量

依据长江、洞庭湖区及四水尾闾 1949—2020 年洪水资料,1949—2020 年长江中游及洞庭湖区主要控制站前 12 位洪峰流量年序、前 5 位年最大洪峰流量排序分别见表 4.1-4、表 4.1-5。

表 4.1-4　　　1949—2020 年长江中游及洞庭湖区主要控制站前 12 位洪峰流量年序　　（单位:年）

河名	站名	1	2	3	4	5	6	7	8	9	10	11	12
长江中游	宜昌	1981	1954	1998	1989	1987	1974	2004	1958	1966	1982	1949	1999
	监利	1998	1981	1989	1987	2004	1982	2000	1999	1980	1984	1997	2007
	螺山	1954	1999	1998	1996	2002	1964	1988	1989	1969	1983	1968	2003
	汉口	1954	1998	1996	2002	1999	1988	1991	1983	1969	1964	1968	1989
三口	新江口	1981	1989	1998	1954	1968	1974	1999	1982	1987	1966	1958	1984
	沙道观	1954	1956	1958	1962	1968	1981	1955	1966	1974	1957	1964	1965
	弥陀寺	1962	1952	1998	1964	1956	1954	1961	1959	1966	1968	1955	1981
	管家铺	1954	1958	1956	1952	1962	1955	1957	1959	1966	1964	1961	1960
	康家岗	1954	1952	1956	1958	1953	1951	1957	1962	1959	1961	1964	1960
四水	湘潭	2019	1994	1968	2017	2003	2010	1982	1976	1972	1954	1978	2006
	桃江	1955	1996	1995	1954	2017	1988	1998	1992	2002	2016	1970	2014
	桃源	1996	1969	1999	1995	2014	1998	1954	1993	1970	1952	2004	1974
	石门	1998	2003	1980	1991	1983	1993	1954	1957	1953	1964	1995	1966
洞庭湖	石龟山	1998	2003	1954	1991	1964	1980	1983	1969	1963	1957	1993	1968
	小河嘴	2003	1998	1999	2014	2004	1969	1996	1963	1980	1991	1964	1973
	南嘴	2003	1998	1999	1996	1954	1969	1963	1991	1957	1973	1955	1980
	城陵矶（七里山）	2017	1996	1954	1964	1969	1995	1998	2002	1968	1952	1962	1983

注:资料来源于《洞庭湖区水利工作手册》。

表 4.1-5

1949—2020 年长江中游及洞庭湖区主要控制站前 5 位年最大洪峰流量排序

河名	站名	1 流量 (m³/s)	1 出现时间 (年-月-日)	2 流量 (m³/s)	2 出现时间 (年-月-日)	3 流量 (m³/s)	3 出现时间 (年-月-日)	4 流量 (m³/s)	4 出现时间 (年-月-日)	5 流量 (m³/s)	5 出现时间 (年-月-日)	隶属
长江	宜昌	70800	1981-7-18	66800	1954-8-7	63300	1998-8-16	62100	1989-7-14	61700	1987-7-23	水利部长江水利委员会
长江	监利	46300	1998-8-17	46200	1981-7-20	45500	1989-7-13	42500	1987-7-24	42500	2004-9-10	水利部长江水利委员会
长江	螺山	78800	1954-8-7	68300	1999-7-22	67800	1998-7-26	67500	1996-7-21	67400	2002-8-24	水利部长江水利委员会
长江	汉口	76100	1954-8-14	71100	1998-8-19	70300	1996-7-22	69200	2002-8-24	68800	1999-7-22	水利部长江水利委员会
松滋河中支	自治局	5100	1960-7-26	4500	1964-7-3	4460	1966-9-6	4340	1968-7-19	4150	1974-8-14	水利部长江水利委员会
松滋河中支	安乡	7270	1998-7-24	7030	2003-7-11	6880	1991-7-7	6480	1983-7-8	6390	1980-8-3	水利部长江水利委员会
松滋河西支	新江口	7910	1981-7-19	7460	1989-7-12	6540	1998-8-17	6400	1954-8-6	6330	1968-7-7	水利部长江水利委员会
松滋河西支	官垸	3350	1981-7-20	3150	1989-7-14	2780	1982-8-1	2770	1998-8-19	2720	1999-7-21	水利部长江水利委员会
松滋河东支	沙道观	3730	1954-8-6	3610	1956-7-1	3310	1958-8-26	3310	1962-7-11	3150	1968-7-18	水利部长江水利委员会
松滋河东支	大湖口	2530	1991-7-8	2340	1998-9-1	2250	1981-7-20	2030	1989-7-14	1950	1993-9-1	水利部长江水利委员会

续表

河名	站名	1 流量 (m³/s)	1 出现时间 (年-月-日)	2 流量 (m³/s)	2 出现时间 (年-月-日)	3 流量 (m³/s)	3 出现时间 (年-月-日)	4 流量 (m³/s)	4 出现时间 (年-月-日)	5 流量 (m³/s)	5 出现时间 (年-月-日)	隶属
虎渡河	弥陀寺	3210	1962-7-10	3170	1952-9-19	3040	1998-8-17	3010	1964-9-15	3000	1956-7-1	水利部长江水利委员会
藕池河东支	管家铺	11900	1954-7-22	11400	1958-8-26	11200	1956-7-1	11100	1952-9-19	10900	1962-7-10	水利部长江水利委员会
藕池河北支	南县(罗文窖)	5290	1955-6-27	5010	1956-7-1	4980	1958-8-26	4960	1962-7-11	4880	1954-8-8	水利部长江水利委员会
藕池河西支	康家岗	2890	1954-7-22	2720	1952-9-16	2450	1956-7-1	2250	1955-7-19	2240	1958-8-26	水利部长江水利委员会
湘江尾闾	株洲	24300	2019-7-10	20700	1994-6-18	19900	1968-6-27	19100	1976-7-12	19000	1978-5-20	湖南省水文中心
湘江尾闾	湘潭	26400	2019-7-10	20800	1994-6-18	20300	1968-6-27	19900	2017-7-4	19500	2003-5-18	湖南省水文中心
资水尾闾	桃江	15300	1955-8-27	11600	1996-7-16	11500	1995-7-2	11300	1954-7-25	11000	2017-7-1	湖南省水文中心
资水洪道	沙头	10200	2017-7-1	9310	1996-7-17	9130	2016-7-5	8820	2002-8-21	8680	1995-7-2	水利部长江水利委员会
沅江尾闾	桃源	29100	1996-7-17	29000	1969-7-17	27100	1999-6-30	25800	1995-7-2	25300	2014-7-17	湖南省水文中心
澧水尾闾	石门	19900	1998-7-23	18700	2003-7-9	17600	1980-8-2	16100	1991-7-6	15100	1983-6-27	水利部长江水利委员会
澧水尾闾	津市	17100	2003-7-10	15900	1998-7-24	15100	1980-8-2	14200	1957-7-31	13800	1983-6-27	水利部长江水利委员会

续表

河名	站名	1		2		3		4		5		隶属
------	------	流量 (m³/s)	出现时间 (年-月-日)	流量 (m³/s)	出现时间 (年-月-日)	流量 (m³/s)	出现时间 (年-月-日)	流量 (m³/s)	出现时间 (年-月-日)	流量 (m³/s)	出现时间 (年-月-日)	
西洞庭湖	石龟山	12300	1998-7-24	12200	2003-7-10		1954	10700	1991-7-7	10600	1964-6-30	水利部长江水利委员会
	小河嘴	23100	2003-7-11	22200	1998-7-24	22100	1999-7-1	20000	2014-7-18	18600	2004-7-22	水利部长江水利委员会
	南嘴	19000	2003-7-11	18000	1998-7-24	16400	1999-7-1	14600	1996-7-21	14400	1954-7-31	水利部长江水利委员会
南洞庭湖	草尾	5620	2003-7-11	5080	1998-7-24	5010	1999-7-1	4820	1996-7-21	4640	1979-6-27	水利部长江水利委员会
东洞庭湖	城陵矶(七里山)	49400	2017-7-4	43900	1996-7-21	43400	1954-8-2	39600	1964-7-4	38600	1969-7-19	水利部长江水利委员会

注:1. 资料来源于《洞庭湖区水利工作手册》。

2. 湖南省水文水资源勘测中心简称湖南省水文中心。

2）实测年最高洪水位

实测最高洪水位以年最高水位为系列进行排序，长江荆江段及三口河道以 1998 年最高，湘江以 2017 年最高，资水以 1996 年最高，沅江以 2014 年最高，澧水以 1998 年最高，西、南洞庭湖以 1996 年最高，东洞庭湖以 1998 年最高。1949—2020 年长江中游及洞庭湖区主要控制站前 12 位实测年最高洪水位年序、前 5 位年最高洪水位排序分别见表 4.1-6、表 4.1-7。

表 4.1-6　1949—2020 年长江中游及洞庭湖区主要控制站前 12 位实测年最高洪水位年序　（单位：年）

河名	站名	1	2	3	4	5	6	7	8	9	10	11	12
长江中游	宜昌	1954	1981	1982	1998	1974	1949	1950	1989	2004	1966	1956	1987
	沙市	1998	1999	1954	1949	1981	1950	1962	1989	1956	1968	1982	1964
	石首	1998	1999	1954	1962	1989	1952	1964	1996	1983	2002	1958	1956
	监利	1998	1999	2002	1996	1983	1954	2003	2012	1989	1993	2016	1980
	城陵矶（莲花塘）	1998	1999	1996	2002	2020	2016	2017	1983	1954	1988	1980	2003
	螺山	1998	1999	1996	2002	2020	2016	2017	1954	1983	1988	1980	1968
	汉口	1954	1998	1999	1996	2020	2016	1983	1995	2002	1980	2017	1968
三口	新江口	1998	1981	1954	1989	1999	1987	1982	1974	1968	1983	1984	2004
	沙道观	1998	1981	1954	1989	1999	1987	1982	1974	1983	1956	1984	1968
	弥陀寺	1998	1999	1981	1954	1989	1962	1982	1968	1956	1987	1974	1966
	管家铺	1998	1999	1954	1962	1964	1952	1989	1958	1983	1968	1981	2002
	康家岗	1998	1999	1954	1962	1952	1964	1989	1958	1981	1983	1956	1968
四水	湘潭	1994	2019	1976	2017	1982	1968	1998	1962	2003	1954	2010	1978
	桃江	1996	1995	2002	2017	1998	1955	1954	2016	2014	2004	1988	1999
	桃源	2014	1996	1999	1998	1995	2004	2017	1969	2003	1993	2012	2007
	石门	1998	2003	1980	1991	1983	1993	1954	1957	1953	1964	1995	2010
洞庭湖	石龟山	1998	2003	1991	1983	1980	1993	1996	1999	2007	1995	1989	1988
	小河嘴	1996	1998	2017	1999	2002	1995	2003	1954	1991	2014	1988	1979
	南嘴	1996	1998	1999	2017	2003	2002	1954	1995	2016	1991	1983	1988
	营田	1996	1998	1999	2017	2002	1995	1954	2016	1983	1988	1969	1991
	城陵矶（七里山）	1998	1999	1996	2002	2020	2017	1954	2016	1983	1988	1968	1980

注：资料来源于《洞庭湖区水利工作手册》。

表 4.1-7

1949—2020 年长江中游及洞庭湖区主要控制站前 5 位年最高洪水位排序

| 河名 | 站名 | 1 | | 2 | | 3 | | 4 | | 5 | | 隶属 |
		洪水位 (m)	出现时间 (年-月-日)	洪水位 (m)	出现时间 (年-月-日)	洪水位 (m)	出现时间 (年-月-日)	洪水位 (m)	出现时间 (年-月-日)	洪水位 (m)	出现时间 (年-月-日)	
长江	宜昌	55.73	1954-8-7	55.38	1981-7-19	54.55	1982-8-1	54.50	1998-8-17	54.47	1974-8-13	水利部长江水利委员会
	沙市	45.22	1998-8-17	44.74	1999-7-21	44.67	1954-8-7	44.49	1949-7-9	44.47	1981-7-19	水利部长江水利委员会
	石首	40.94	1998-8-17	40.78	1999-7-21	39.89	1954-8-7	39.85	1962-7-12	39.59	1989-7-14	水利部长江水利委员会
	监利	38.31	1998-8-17	38.30	1999-7-21	37.30	2020-7-24	37.15	2002-8-24	37.06	1996-7-25	水利部长江水利委员会
	莲花塘	35.80	1998-8-20	35.54	1999-7-21	35.01	1996-7-22	34.75	2002-8-24	34.59	2020-7-28	水利部长江水利委员会
	螺山	34.95	1998-8-20	34.60	1999-7-22	34.18	1996-7-22	33.83	2002-8-24	33.63	2020-7-28	水利部长江水利委员会
	汉口	29.73	1954-8-18	29.43	1998-8-20	28.89	1999-7-23	28.66	1996-7-22	28.50	2020-7-28	水利部长江水利委员会
松滋河中支	自治局	41.38	1998-7-24	41.28	2003-7-11	40.34	1991-7-7	40.28	1983-7-8	40.05	1996-7-21	水利部长江水利委员会
	安乡	40.44	1998-7-24	40.19	2003-7-11	39.72	1996-7-21	39.38	1983-7-8	39.34	1991-7-7	水利部长江水利委员会

续表

河名	站名	1		2		3		4		5		隶属
		洪水位 (m)	出现时间 (年-月-日)	洪水位 (m)	出现时间 (年-月-日)	洪水位 (m)	出现时间 (年-月-日)	洪水位 (m)	出现时间 (年-月-日)	洪水位 (m)	出现时间 (年-月-日)	
松滋河西支	新江口	46.18	1998-8-17	46.09	1981-7-19	45.77	1954-8-7	45.77	1989-7-14	45.65	1999-7-21	水利部长江水利委员会
松滋河西支	官垸	43.00	1998-7-24	42.81	2003-7-11	41.87	1991-7-7	41.63	1983-7-7	41.27	1980-8-3	水利部长江水利委员会
松滋河东支	沙道观	45.52	1998-8-17	45.40	1981-7-19	45.21	1954-8-7	45.2	1989-7-14	45.06	1999-7-20	水利部长江水利委员会
松滋河东支	大湖口	41.34	1998-7-24	41.06	2003-7-11	40.32	1983-7-8	40.27	1991-7-7	40.18	1996-7-21	水利部长江水利委员会
虎渡河	弥陀寺	44.90	1998-7-25	44.55	1999-7-21	44.33	1981-7-20	44.15	1954-8-7	44.09	1989-7-14	水利部长江水利委员会
虎渡河	黄山头	41.16	1998-7-25	40.58	1999-7-21	40.50	2003-7-11	40.18	1954-8-7	40.18	1981-7-20	水利部长江水利委员会
藕池河东支	管家铺	40.28	1998-8-17	40.17	1999-7-21	39.5	1954-8-8	39.31	1962-7-11	39.11	1964-7-2	水利部长江水利委员会
藕池河东支	注滋口	36.27	1998-8-20	36.10	1999-7-21	35.69	1996-7-21	35.47	2002-8-24	35.13	2017-7-4	水利部长江水利委员会
藕池河北支	南县 (罗文窖)	37.57	1998-8-19	37.48	1999-7-21	36.71	1996-7-21	36.53	2002-8-24	36.50	1954-8-8	水利部长江水利委员会
藕池河西支	康家岗	40.44	1998-8-17	40.38	1999-7-21	39.87	1954-8-8	39.58	1962-7-11	39.41	1952-9.20	水利部长江水利委员会

续表

河名	站名	1 洪水位(m)	1 出现时间(年-月-日)	2 洪水位(m)	2 出现时间(年-月-日)	3 洪水位(m)	3 出现时间(年-月-日)	4 洪水位(m)	4 出现时间(年-月-日)	5 洪水位(m)	5 出现时间(年-月-日)	隶属
湘江尾闾	株洲	44.58	1994-6-18	44.47	2019-7-10	43.87	1976-7-13	43.83	1968-6-28	43.68	1982-6-19	湖南省水文中心
	湘潭	41.95	1994-6-18	41.42	2019-7-10	41.26	1976-7-13	41.24	2017-7-3	41.23	1982-6-19	湖南省水文中心
	长沙	39.51	2017-7-3	39.18	1998-6-27	38.91	1994-6-19	38.46	2010-6-25	38.38	2002-8-22	湖南省水文中心
湘江洪道	湘阴	36.66	1996-7-22	36.35	1998-7-31	36.25	1999-7-22	36.25	2017-7-3	35.96	2002-8-23	水利部长江水利委员会
资水尾闾	桃江	44.44	1996-7-17	44.31	1995-7-2	44.31	2002-8-21	44.13	2017-7-1	43.98	1998-6-14	湖南省水文中心
	益阳	39.48	1996-7-21	39.14	2017-7-1	39.04	1995-7-2	39.03	2002-8-21	38.50	2016-7-5	湖南省水文中心
资水洪道	沙头	38.15	1996-7-21	37.68	2017-7-2	37.32	1995-7-3	37.24	2002-8-21	37.08	1998-7-31	水利部长江水利委员会
沅江尾闾	桃源	47.37	2014-7-17	46.90	1996-7-19	46.62	1999-6-30	46.03	1998-7-24	45.86	1995-7-2	湖南省水文中心
	常德	42.49	1996-7-19	42.20	2014-7-18	42.06	1999-6-30	41.72	1998-7-24	41.50	1995-7-2	湖南省水文中心

续表

河名	站名	1		2		3		4		5		隶属
		洪水位(m)	出现时间(年-月-日)	洪水位(m)	出现时间(年-月-日)	洪水位(m)	出现时间(年-月-日)	洪水位(m)	出现时间(年-月-日)	洪水位(m)	出现时间(年-月-日)	
沅江洪道	牛鼻滩	40.57	1996-7-19	40.06	1999-7-1	40.02	1998-7-24	39.89	2014-7-17	39.70	2017-7-3	水利部长江水利委员会
	周文庙	38.79	1996-7-20	38.33	1998-7-24	38.09	1999-7-1	37.99	2017-7-3	37.87	2003-7-11	水利部长江水利委员会
澧水尾闾	石门	62.66	1998-7-23	62.31	2003-7-10	62.00	1980-8-2	61.58	1991-7-6	61.12	1983-6-27	湖南省水文中心
	津市	45.02	2003-7-10	45.01	1998-7-24	44.01	1991-7-7	43.48	1993-7-24	43.32	1980-8-2	水利部长江水利委员会
	石龟山	41.89	1998-7-24	41.85	2003-7-11	40.82	1991-7-7	40.43	1983-7-8	40.14	1980-8-3	水利部长江水利委员会
西洞庭湖	小河嘴	37.57	1996-7-21	37.04	1998-7-25	36.64	2017-7-3	36.60	1999-7-18	36.25	2002-8-24	水利部长江水利委员会
	南嘴	37.62	1996-7-21	37.21	1998-7-25	36.83	1999-7-22	36.51	2017-7-3	36.50	2003-7-11	水利部长江水利委员会
	沅江	37.09	1996-7-21	36.59	1998-7-31	36.43	1999-7-22	36.43	2017-7-3	36.08	2002-8-23	水利部长江水利委员会
南洞庭湖	营田	36.54	1996-7-22	36.26	1998-7-31	36.15	1999-7-22	35.89	2017-7-4	35.76	2002-8-23	水利部长江水利委员会
	草尾	37.37	1996-7-21	36.96	1998-7-25	36.61	1999-7-22	36.37	2017-7-3	36.22	2002-8-24	水利部长江水利委员会

续表

河名	站名	1		2		3		4		5		隶属
		洪水位 (m)	出现时间 (年-月-日)	洪水位 (m)	出现时间 (年-月-日)	洪水位 (m)	出现时间 (年-月-日)	洪水位 (m)	出现时间 (年-月-日)	洪水位 (m)	出现时间 (年-月-日)	
东洞庭湖	鹿角	36.14	1998-8-20	35.91	1999-7-23	35.73	1996-7-21	35.31	2017-7-4	35.24	2002-8-24	水利部长江水利委员会
	岳阳	36.06	1998-8-20	35.76	1999-7-22	35.39	1996-7-21	35.07	2002-8-24	34.82	1954-8-3	水利部长江水利委员会
	城陵矶 (七里山)	35.94	1998-8-20	35.68	1999-7-22	35.31	1996-7-22	34.91	2002-8-24	34.74	2020-7-28	水利部长江水利委员会

注:1. 资料来源于《洞庭湖区水利工作手册》。

2. 湖南省水文水资源勘测中心简称湖南省水文中心。

3）水位流量特征值

采用 1951—2020 年资料（部分测站枯水资料不全）统计了长江中下游及洞庭湖区各控制站的水位、流量特征值，其中桃江站 1955 年最大洪峰流量为 15300 m³/s。各控制站水位、流量特征值见表 4.1-8。

表 4.1-8　1951—2020 年长江中游及洞庭湖区各控制站水位、流量特征值

河名	站名	最高水位（m）	最高水位出现时间（年-月-日）	最低水位（m）	最低水位出现时间（年-月-日）	最大流量（m³/s）	最大流量出现时间（年-月-日）	最小流量（m³/s）	最小流量出现时间（年-月-日）
长江中游	宜昌	55.73	1954-8-7	38.07	2003-2-9	70800	1981-7-18	2770.0	1979-3-8
	沙市	45.22	1998-8-17	30.02	2003-2-10	—		—	
	石首	40.94	1998-8-17	25.37	1999-3-29	—		—	
	监利	38.31	1998-8-17	22.74	1974-3-7	46300	1998-8-17	2650.0	1952-2-5
	莲花塘	35.80	1998-8-20	只观测汛期水位		—		—	
	螺山	34.95	1998-8-20	15.56	1960-2-16	78800	1954-8-7	4060.0	1963-2-5
	汉口	29.73	1954-8-18	11.70	1961-2-5	76100	1954-8-14	4830.0	1963-2-7
三口洪道	新江口	46.18	1998-8-17	34.05	1979-4-22	7910	1981-7-19	0.0	2000-1-8
	沙道观	45.52	1998-8-17	河干	1982-5-23	3730	1954-8-6	−30.0	1967-5-9
	弥陀寺	44.90	1998-8-17	31.57	1978-4-20	3210	1962-7-10	0.0	大部分年份
	管家铺	40.28	1998-8-17	28.64	1988-5-6	11900	1954-7-22	−22.0	1974-4-22
	康家岗	40.44	1998-8-17	河干	大部分年份	2890	1954-7-22	−64.6	1979-6-28
	官垸	43.00	1998-7-24	28.75	2014-2-7	3350	1981-7-20	−1780.0	2003-7-10
	自治局	41.38	1998-8-17	28.57	1993-2-9	5100	1960-7-26	−750.0	1998-7-24
	大湖口	41.34	1998-7-24	29.33	1999-4-10	2530	1991-7-8	−14.1	1973-4-6
四水尾闾	湘潭	41.95	1994-6-18	26.05	2012-1-1	26400	2019-6-18	100.0	1966-10-6
	桃江	44.44	1996-7-17	30.75	2015-2-8	15300	1955-8-27	11.4	2015-2-8
	桃源	47.37	2014-7-17	29.70	2016-12-4	29100	1996-7-17	44.4	2010-10-2
	石门	62.66	1998-7-23	48.67	1990-12-31	19900	1998-7-23	1.0	1996-1-1
洞庭湖	石龟山	41.89	1998-7-24	28.63	1999-3-7	12300	1998-7-24	0.0	1955-12-11
	小河嘴	37.57	1996-7-21	28.02	1974-1-12	23100	2003-7-11	34.6	1955-2-4
	南咀	37.62	1996-7-21	27.16	1996-3-9	19000	2003-7-11	27.0	1979-3-7
	沅江	37.09	1996-7-21	28.07	1962-1-26	—		—	
	营田	36.54	1996-7-22	21.05	1972-1-31	—		—	
	七里山	35.94	1998-8-20	17.27	1960-2-16	49400	2017-7-4	377.0	1975-10-5

注：1. 资料来源于《洞庭湖区水利工作手册》。

2. 水位为冻结基面。

3. "—"表示未知或未测。

4. 正常情况下，水由三口洪道注入长江干流，汛期长江干流水位本身高，水会反向涌入三口洪道，出现顶托现象，流量为负值表明长江干流的水反向流入三口洪道。

（2）洪水特性分析

洞庭湖洪水主要受长江洪水和湖南四水来水影响，由于长江和四水特性各异，洞庭湖洪水组合随机变化大。当长江和四水都发生大洪水时，称发生全流域性洪水，洪水峰高量大，持续时间长，危害也最大，如 1954 年、1998 年洪水。四水一条或几条大洪水也能形成洞庭湖大洪水，如 1996 年洪水主要来自资水和沅江，1999 年洪水主要来自沅江和澧水，2002 年、2017 年洪水主要来自资水与湘江，2020 年洪水主要来自长江。

1）长江洪水

长江洪水主要由暴雨形成。长江上游宜宾至宜昌河段，有川西暴雨区和大巴山暴雨区，暴雨频繁，岷江、嘉陵江分别流经这两个暴雨区，洪峰流量甚大，暴雨走向大多和洪水流向一致，使岷江、沱江和嘉陵江洪水相互遭遇，易形成寸滩站、宜昌站峰高量大的洪水。清江、洞庭湖水系中有湘西北、鄂西南暴雨区，暴雨主要出现在 6—7 月和 5—6 月，清江和洞庭湖水系的洪水也相应出现在 6—7 月。

长江流域洪水发生的时间和地区分布与暴雨一致。一般是中下游洪水早于上游；江南早于江北。上游右岸支流乌江洪水发生时间为 5—8 月，金沙江和上游左岸各支流为 6—9 月；中游左岸支流汉江为 6—10 月。长江上游干流受上游各支流洪水的影响，洪水主要发生时间为 7—9 月，长江中下游干流因承泄上游和中下游支流的洪水，汛期为 5—10 月。上游干流站年最大洪峰出现时间主要集中在 7—8 月，中下游干流站主要集中在 7 月。

根据 1949—2020 年宜昌站实测资料统计，长江上游洪水洪峰流量最大年份为 1981 年，洪峰流量为 $70800\text{m}^3/\text{s}$；1954 年洪水洪峰流量为 $66800\text{m}^3/\text{s}$，其 30 天、60 天洪量分别为 1386 亿 m^3、2448 亿 m^3；1998 年洪水洪峰流量为 $63300\text{m}^3/\text{s}$，其 30 天、60 天洪量分别为 1380 亿 m^3、2545 亿 m^3。

2）四水洪水

湘江流域的洪水主要由暴雨形成。每年 4—9 月为汛期，年最大洪水多发生于 4—8 月，其中 5—6 月出现次数最多。湘江流域水量丰富，干流中下游洪水过程多为肥胖单峰型。湘江湘潭以下河段，7—9 月受洞庭湖洪水顶托影响。

资水洪水一般发生在 4—9 月，主汛期为 6—8 月。洪水在 7 月 15 日之前多为峰高、量大的复峰，一次洪水过程多在 5 天左右；7 月 15 日之后多为峰高、量小的尖瘦型，单峰居多，一次洪水过程多在 4 天左右。

沅江洪水一般发生在 4—10 月，主汛期为 4—8 月，5—7 月洪水发生次数最多。大洪水大多发生在 6—7 月。5—7 月的洪水一般是峰高、量大、历时长的多峰形状，8 月以后的洪水多为峰高、量小、历时短的单峰型。一次大洪水历时，中游为 7～11 天，下游为 10～14 天；洪量主要集中在洪水发生 3～5 天时段内。

澧水洪水年最大洪峰出现在 4—10 月，但大多出现在 6—7 月。澧水洪峰持续时间短，峰型尖瘦。一次洪水历时，上游为 2～3 天，中下游为 3～5 天。暴雨时空分布上的差异和干支流洪水的各种组合,常出现连续相持的复式洪水过程,5～7 天内可出现 3～4 次洪峰。

（3）洪水遭遇分析

长江和四水各有不同的气候特征和地貌特征,四水之间的气候特征和地貌特征也存在差异,洪水相互遭遇的随机性很大。对洞庭湖区来说,危害较大的是多条河流同时发生较大的洪水,包括长江和四水相互遭遇或四水之间的相互遭遇。据 1951—2020 年资料对三口、四水及宜昌 10 个控制站进行前 12 位洪水的遭遇分析。1951—2020 年洞庭湖区发生洪水年份 42 年,其中长江与四水相遭遇的全流域性大洪水有两年(1954 年和 1998 年),3 条河或 4 条河相遭遇的有 6 年(1995 年、1999 年、2002 年、2003 年、2004 年、2017 年),两条河相遇遇的有 10 年,单独 1 条河涨大水的有 24 年。1951—2020 年洞庭湖区 10 个控制站前 12 位洪水地区遭遇情况统计见表 4.1-9。表内所列洪水遭遇情况,是指年内各水系的洪水遭遇情况。

表 4.1-9 1951—2020 年洞庭湖区 10 个控制站前 12 位洪水地区遭遇情况统计(洪水位序位)　(单位:次)

年份	宜昌	新江口	沙道观	弥陀寺	管家铺	康家岗	湘潭	桃江	桃源	石门	七里山	遭遇河流
1952					6	5						长江
1953										9		澧水
1954	1	3	3	4	3	3	10	7	12	7	6	全流域性
1955								6				资水
1956	11		10	9		11						长江
1957										8		澧水
1958					8	8						长江
1962				6	4	4	8					长江、湘江
1964					5	6				10		长江、澧水
1966	10			12								长江
1968		9	12	8	10	12	6				10	长江、湘江
1969									8			沅江
1974	5	8	8	11					11			长江、沅江
1976							3					湘江
1978							12					湘江
1980										3	11	澧水
1981	2	2	2	3	11	9						长江
1982	3	7	7	7			5					长江、湘江
1983		10	9		9	10				5	8	长江、澧水
1984		11	11									长江
1987	12	6	6	10								长江

年份	宜昌	新江口	沙道观	弥陀寺	管家铺	康家岗	湘潭	桃江	桃源	石门	七里山	遭遇情况
1988								11			9	资水
1989	8	4	4	5	7	7						长江
1990								9				资水
1991										4		澧水
1992					11							湘江
1993									10	6		沅江、澧水
1994							1					湘江
1995								2	5	11	12	资水、沅江、澧水
1996								1	2		3	资水、沅江
1998	4	1	1	1	1	1	7	5	4	1	1	全流域性
1999		5	5	2	2	2		12	3		2	长江、资水、沅江
2002					12			3			4	长江、湘江、资水
2003							9		9	2		湘江、沅江、澧水
2004	9	12					9	10		2		长江、湘江、资水、澧水
2007										12		澧水
2010							11			12		湘江、澧水
2012								11				沅江
2014								9	1			资水、沅江
2016								8			7	资水
2017							4	4	7		5	湘江、资水、沅江
2019							2					湘江

注:资料来源于《洞庭湖区水利工作手册》。

湖南省汛期为4—9月,四水主汛期为5—7月、洞庭湖为6—8月、长江为7—9月,江、湖洪水相遭遇的主要时段在7—8月。其中,湘江年最大洪峰出现时间最早为3月,最晚为10月;资水年最大洪峰出现时间最早为3月,最晚为11月,出现最多的为6月,5月出现次数较湘江少,7月较湘江多;沅江年最大洪峰出现时间最早为4月,最晚为11月,出现最多的为7月;澧水年最大洪峰出现时间最早为3月,最晚为9月。从四水洪水发生时间来看,资水比湘江晚、沅江比资水晚、澧水又比沅江稍晚。三口分流洪水特性同长江上游来水一致,洪峰主要出现在5—10月,出现次数最多的为7月,其次8月。从洞庭湖出口城陵矶(七里山)看,洪峰出现时间为4—11月,出现次数最多的为7月,其次为6月,其洪水特性反映了四水和长江三口分流洪水的综合特性。洞庭湖主要控制站入、出湖洪峰出现时间统计见表4.1-10。

表 4.1-10　　　　　　　　洞庭湖主要控制站入、出湖洪峰出现时间统计

控制站	3月 (次)	4月 (次)	5月 (次)	6月 (次)	7月 (次)	8月 (次)	9月 (次)	10月 (次)	11月 (次)	总年数 (年)
湘潭	2	6	17	19	9	5	1	1		60
桃江	2	5	11	18	15	5	2	1	1	60
桃源		4	11	17	22	3				60
石门	1		7	22	21	5	4			60
三口			1	3	31	14	6			56
城陵矶		1	5	12	33	6	2	0	1	60

注:资料来源于《洞庭湖区水利工作手册》《洞庭湖区综合规划》(2016,水利部长江水利委员会)。

四水和三口洪水在时间上存在一定差异,但洪水遭遇机会很多。首先从洪峰遭遇看(相差2天以内),1951—2010年四水中有两水洪峰遭遇的有29次,有三水同时遭遇的有8次,湘江和澧水没有遭遇,四水同时遭遇的情况也没有发生,三口与四水其中一水遭遇有5次,三口与四水其中两水同时遭遇则没有。从洪水过程遭遇来看,由于洞庭湖可调蓄洪水,各来水河流洪水过程也较长,洪水过程遭遇机会较多。对各水年最大10日洪量发生时间进行统计分析,以相差2天算洪水过程遭遇,四水中有两水洪水过程遭遇的有34年,有三水同时遭遇的有6年,四水同时遭遇则没有。三口洪水与四水其中一水遭遇有8次,三口与四水其中两水遭遇则没有。统计结果表明,资水与沅江洪水遭遇的概率最大,洪峰遭遇概率为19.0%,过程遭遇概率为35.0%;其次是湘江与资水洪水遭遇概率,洪峰和过程遭遇概率分别为19.0%和25.0%;再次是沅江与澧水洪水遭遇概率,洪峰和过程遭遇概率分别为21.7%和19.0%;湘江和沅江洪水遭遇概率分别为6.9%和16.7%,概率虽不是很大,但由于两条河流控制面积占四水总面积的80%,因此对洞庭湖洪水影响更大;湘江、资水与澧水遭遇的概率不大。

(4)洪水传播时间

影响洪水传播时间的因素有很多,主要是暴雨中心位置和强度、干支流洪水的大小和遭遇时间、河槽底水的高低和受回水顶托的程度等。其中,暴雨中心起主导作用,大致可分为上游型、中游型、下游型3种基本类型,每一场洪水的传播时间都是不一样的,但80%的洪水传播时间变动不大,50%的洪水变动范围更小,特殊组合的情况极少。根据《洞庭湖区水利工作手册》,长江及湘、资、沅、澧四水主要站洪水传播时间见表4.1-11。

表 4.1-11　　　　　　　　　洞庭湖"四水"及长江主要站洪水传播时间

河段	湘江河长（km）	传播时间（h）	河段	洞庭湖河长（km）	传播时间（h）
全州—老埠头	100	9～13	湘潭—城陵矶	220	66～72
老埠头—归阳	141	14～20	桃江—城陵矶	192	56～62
归阳—衡阳	140	16～20	桃源—城陵矶	279	76～82
衡阳—衡山	67	8～10	石门—城陵矶	247	90～96
衡山—株洲	135	14～16	新江口—南嘴	183	36～46
株洲—湘潭	45	5～8	新江口—石龟山		26～34
湘潭—长沙	47	3～6	新江口—安乡	129	19～27
双牌—老埠头	66	6	桃源—南嘴	153	28～32
欧阳海—衡阳	132	20～30	石门—南嘴	178	34～47
神山头—衡阳	35	7	石龟山—南嘴	52	22～28
东江—耒阳	115	12～15	安乡—南嘴	53	14～22
耒阳—衡阳	75	14～20	南嘴—沅江		6～10
甘溪—衡山		8～12	湘阴—城陵矶	101	38～42
大西滩—株洲	53	10～14			
水府庙—湘乡		12			
双峰—湘乡		12			
湘乡—湘潭	63	12			
双江口—㮾梨		12			
长沙—湘阴	72	14～24			

河段	资水河长（km）	传播时间（h）	河段	澧水河长（km）	传播时间（h）
罗家庙—邵阳	53	5～7	南岔—张家界	73	5～9
邵阳—冷水江	78	6～8	张家界—石门	143	8～12
冷水江—新化	29	4	石门—津市	64	7～11
新化—柘溪	121	14～19	江垭—石门		7～10
柘溪—桃江	140	14～17	长潭河—石门	53	4～5
桃江—益阳	34	5～7	皂市—石门	14	1～2
益阳—城陵矶	166	50～58			

河段	沅江河长（km）	传播时间（h）	河段	长江河长（km）	传播时间（h）
黔城—安江	35	5～7	寸滩—宜昌	658	45～60
安江—浦市	141	14～17	宜昌—沙市		10～14
浦市—五强溪		2～5	宜昌—安乡	276	24～34
五强溪—桃源		6～9	宜昌—螺山	458	56～65
桃源—常德	49	5～7	沙市—监利	206	18～24

河段	沅江河长(km)	传播时间(h)	河段	长江河长(km)	传播时间(h)
常德—南嘴	104	20~28	监利—城陵矶	81	20~28
陶伊—浦市	82	10	城陵矶—螺山	24	3~6
思蒙—浦市	69	8	螺山—汉口	146	24
河溪—沅陵	106	8			
凤滩—沅陵	33	3			

注:1. 资料来源于《洞庭湖区水利工作手册》。

2. 由于河道及湖泊的洪水传播时间因其洪水的大小、组合、暴雨中心位置及走向、洪水低水位等一些因素的不同而不同。因此,上表中列出的传播时间仅仅是洪水的平均传播时间,每场洪水的传播时间则根据洪水的特性分析确定。

4.1.3 洞庭湖区泥沙

(1)泥沙的来源

地表水流和地下水流是最广泛、最强烈的外力作用因素,它们在由高处向低处流动的过程中,不断产生着侵蚀、搬运和沉积作用。河流的侵蚀作用包括向下冲刷切割河床(下蚀)和向两岸冲刷谷坡(侧蚀)。河水在流动过程中,搬运着河流自身侵蚀的和谷坡上崩塌、冲刷下来的物质,其中大部分是机械碎屑物,即岩土颗粒泥沙。在搬运过程中,碎屑物逐渐磨细磨圆。受水流的紊动作用悬浮于水中并随水流移动的泥沙被称为悬移质,受水流拖曳力作用沿河床滚动、滑动、跳跃或层移的泥沙被称为推移质。当流速减缓时,水流所携带的物质便在重力的作用下沉积下来,形成层状的冲积物,被称为河床质。可以说,岩石的风化,加上雨水的冲刷,是泥沙产生的主要原因。

(2)泥沙测验

在世界范围内尚未有良好的泥沙测验方法,现有的仪器设备尚难保证泥沙测验精度。湖南省所有泥沙测站,测验项目也不全,无一站施测了推移质和河床质。因此,以下分析中所指输沙量,仅为悬移质输沙量。湖区区间泥沙测站较小,难以对区间来沙量进行计算。

(3)多年平均输沙量

随着长江水情、工情、河势的变化,三口入湖沙量在减少,一批大、中型水库的兴建,拦蓄了大量的泥沙,使三口和四水的入湖沙量大减,特别是三峡水库和其上游的大型水库建成运行后,长江(枝城)来沙量锐减,仅为三峡水库建库前的8.6%,减少幅度达91.4%,从三口进入洞庭湖的泥沙也大大减少,洞庭湖淤积严重的趋势被扭转。洞庭湖三口、四水年输沙量分期统计以及三口分沙比分期统计结果分别见表4.1-12和表4.1-13。

表4.1-12 洞庭湖年输沙量分期统计结果

（单位：万t）

分期（年）	三口						四水					三口+四水	城陵矶（七里山）	沉积量
	新江口	沙道观	弥陀寺	康家岗	管家铺	小计	湘潭	桃江	桃源	石门	小计			
1951—1958	3779	2135	2285	1704	12080	21983	1228	724	1591	692	4235	26218	6716	19502
1959—1966	3423	1831	2354	959	10490	19057	894	180	1209	550	2833	21890	5785	16105
1967—1972	3340	1514	2108	460	6785	14207	1122	260	1922	779	4083	18290	5247	13043
1973—1980	3423	1288	1935	215	4215	11076	1298	176	1474	718	3666	14742	3839	10903
1981—1998	3371	1071	1644	183	3061	9330	910	163	751	523	2347	11677	2950	8727
1999—2002	2280	570	1020	110	1690	5670	662	161	274	142	1239	6909	2030	4879
2003—2020	366	109	116	11	272	874	478	56	129	167	830	1704	1776	−72
1951—2002	3362	1398	1902	568	6093	13323	1021	264	1160	583	3028	16351	4296	12055
1951—2020	2592	1067	1443	425	4596	10123	881	211	895	476	2463	12586	3648	8938

注：资料来源于《洞庭湖区水利工作手册》。

表 4.1-13

三口分沙比分期统计结果

分期(年)	枝城 输沙量(万t)	新江口 输沙量(万t)	新江口 分沙比(%)	沙道观 输沙量(万t)	沙道观 分沙比(%)	弥陀寺 输沙量(万t)	弥陀寺 分沙比(%)	康家岗 输沙量(万t)	康家岗 分沙比(%)	管家铺 输沙量(万t)	管家铺 分沙比(%)	三口小计 输沙量(万t)	三口小计 分沙比(%)
1951—1958	53388	3779	7.1	2135	4.0	2285	4.3	1704	3.2	12080	22.6	21983	41.2
1959—1966	54125	3423	6.3	1831	3.4	2354	4.3	959	1.8	10490	19.4	19057	35.2
1967—1972	50333	3340	6.6	1514	3.0	2108	4.2	460	0.9	6785	13.5	14207	28.2
1973—1980	51263	3423	6.7	1288	2.5	1935	3.8	215	0.4	4215	8.2	11076	21.6
1981—1998	49111	3371	6.9	1071	2.2	1644	3.3	183	0.4	3061	6.2	9330	19.0
1999—2002	34600	2280	6.6	570	1.6	1020	2.9	110	0.3	1690	4.9	5670	16.4
2003—2020	4215	366	8.7	109	2.6	116	2.7	11	0.3	272	6.4	874	20.7
1951—2002	49895	3362	6.7	1398	2.8	1902	3.8	568	1.1	6093	12.2	13323	26.7
1951—2020	38149	2592	6.8	1067	2.8	1443	3.8	425	1.1	4596	12.0	10123	26.5

注：资料来源于《洞庭湖区水利工作手册》。

4.1.4　洞庭湖区分蓄洪

洞庭湖的入湖水量、沙量和综合入湖洪峰流量主要来自长江,洞庭湖的分蓄洪任务主要是长江干流的泄洪能力与上游来量不相适应带来的,分蓄洪水是长江中游防洪的整体安排,是确保荆江大堤安全的防守措施。

蓄滞洪区是指包括分洪口在内的河堤背水面以外临时贮存洪水的低洼地区及湖泊等,洞庭湖蓄滞洪工程是长江中游整体防洪规划中的一个重要组成部分,是保障荆江大堤、洞庭湖区的城市和重点堤垸防洪安全的一个重要措施。三峡水库蓄水运用后,按三峡水库对枝城补偿和对城陵矶补偿不同的防洪调度方式可减少该地区分蓄洪量,但蓄滞洪区仍需长期保存,只是使用概率会有所减小、承蓄量有所减少。洞庭湖区的蓄滞洪区,主要指 24 个蓄洪垸。蓄滞洪区基本情况见表 4.1-14,西洞庭湖、南洞庭湖、东洞庭湖蓄滞洪区高程—面积、容积关系分别见表 4.1-15、表 4.1-16、表 4.1-17。

洞庭湖蓄滞洪区的安全建设始于 1970 年,1986 年开始一期治理,1996 年开始二期治理。1998 年大水以后,在城陵矶地区优先建设 100 亿 m³ 蓄洪容积。蓄滞洪区安全区建设规划基本情况及分洪口门规划基本情况分别见表 4.1-18 和表 4.1-19。

表 4.1-14　　　蓄滞洪区基本情况

湖名	垸名	蓄洪水位(冻结,m)	有效蓄洪容积(亿 m³)	复核有效蓄洪容积(亿 m³)	规划分洪口门 处数	分洪口宽(m)	进洪流量(m³/s)	分洪闸设计流量(m³/s)
西洞庭湖	B1 澧南	44.61	2.00	2.21	1	126.8	2886	2315
	B2 九垸	41.38	3.79	3.82	1	440.0	2924	—
	B3 西官	40.50	4.44	4.76	1	210.0	1713	1500
	B4 安澧	39.90	9.20	9.42	1	350.0	3549	
	B5 安昌	38.85	7.10	7.23	2	340.0	2339	
	B6 南汉	37.40	5.66	6.15	3	832.0	5448	
	B7 围堤湖	38.00	2.37	2.22	2	597.0	2740	3190
	B8 六角山	36.00	0.55	0.61	1	120.0	683	
南洞庭湖	B9 安化	38.12	4.50	4.72	1	190.0	1738	
	B10 和康	37.40	6.20	6.16	2	480.0	4000	
	B11 南顶	37.30	2.57	2.20	1	200.0	1700	
	B12 共双茶	35.37	18.51	15.04	3	600.0	7200	3630
	B13 民主	35.25	11.21	11.96	2	920.0	4000	
	B14 义合金鸡	35.41	1.21	0.79	2	66.0	347	

续表

湖名	垸名	蓄洪水位（冻结，m)	有效蓄洪容积（亿 m³)	复核有效蓄洪容积（亿 m³)	规划分洪口门			分洪闸设计流量（m³/s)
					处数	分洪口宽（m)	进洪流量（m³/s)	
南洞庭湖	B15 城西	35.41	7.61	7.92	2	300.0	3000	—
	B16 北湖	35.41	2.59	1.91	1	40.0	1000	—
	B17 屈原	34.83	11.96	12.45	1	130.0	4557	—
东洞庭湖	B18 集成安合	36.69	6.83	6.26	1	300.0	2635	—
	B19 钱粮湖	34.82	22.20	23.78	7	1350.0	10050	4180
	B20 大通湖东	35.39	11.20	11.67	4	550.0	6779	2190
	B21 建设	34.40	4.94	3.54	1	300.0	2210	—
	B22 建新	34.61	1.96	1.56	1	200.0	756	—
	B23 君山	35.00	4.80	4.69	1	260.0	1851	—
长江	B24 江南陆城	33.50	10.41	10.48	3	390.0	6985	—

注：1. 蓄洪水位、有效蓄洪容积取自《洞庭湖区综合规划（修订稿）》（水利部长江水利委员会，2016 年 5 月）。

2. 分洪口门采用资料《湖南省洞庭湖蓄滞洪区安全建设可行性研究报告（第一批意见）》总报告及分报告（湖南省水利水电勘测设计研究总院，1999 年 5 月）及湖南省人民政府湘政发〔1991〕29 号文综合整理。

3.“湖南省水利水电勘测设计研究总院”现名为“湖南省水利水电勘测设计规划研究总院有限公司”。

4. 复核有效蓄洪容积是指 2018 年水利部长江水利委员会重新测量并扣除安全区后的蓄洪容积。

5.“—”表示未知或未测。

表 4.1-15

西洞庭湖蓄滞洪区高程—面积、容积关系

B1 澧南	高程（m）	35.00	36.00	37.00	38.00	39.00	40.00	44.61	—	—	—	—	—	—
	面积（km²）	2.87	8.14	13.41	20.47	23.96	26.16	30.47	—	—	—	—	—	—
	容积（亿 m³）	0.06	0.11	0.22	0.39	0.61	0.86	2.23	—	—	—	—	—	—
B2 九垸	高程（m）	30.50	32.00	33.00	34.00	35.00	36.00	37.00	38.00	40.00	41.38	—	—	—
	面积（km²）	15.00	—	28.60	33.90	44.94	44.94	44.94	44.94	44.94	44.94	—	—	—
	容积（亿 m³）	—	0.18	0.40	0.71	1.11	1.55	2.00	2.45	3.35	3.97	—	—	—
B3 西官	高程（m）	33.00	35.00	36.00	37.00	38.00	39.00	40.50	—	—	—	—	—	—
	面积（km²）	9.67	64.22	67.60	67.60	67.60	67.60	67.60	—	—	—	—	—	—
	容积（亿 m³）	0.140	0.870	1.530	2.210	2.890	3.560	4.575	—	—	—	—	—	—
B4 安澧	高程（m）	30.0	31.0	32.0	33.0	34.0	35.0	36.0	37.0	38.0	39.0	39.9	—	—
	面积（km²）	2.47	27.55	67.85	95.85	110.25	118.30	125.66	129.46	129.46	129.46	129.46	—	—
	容积（亿 m³）	—	0.150	0.627	1.447	2.447	3.617	4.837	6.117	7.407	8.697	9.867	—	—
B5 安昌	高程（m）	30.00	31.00	32.00	33.00	34.00	35.00	36.00	37.00	38.00	38.85	—	—	—
	面积（km²）	10.52	34.34	68.01	90.45	107.09	110.45	113.11	115.81	115.81	115.81	—	—	—
	容积（亿 m³）	0.105	0.329	0.841	1.633	2.621	3.707	4.827	5.972	7.13	8.114	—	—	—
B6 南汉	高程（m）	30.7	31.2	31.7	32.2	32.7	33.2	34.0	37.4	—	—	—	—	—
	面积（km²）	36.62	63.81	79.79	89.23	93.64	96.18	97.16	—	—	—	—	—	—
	容积（亿 m³）	0.117	0.328	0.650	1.037	1.491	1.945	2.705	—	—	—	—	—	—
B7 围堤湖	高程（m）	29	30	31	32	33	34	35	36	37	38	—	—	—
	面积（km²）	4.00	14.00	20.67	27.34	31.34	33.54	33.54	33.54	33.54	33.54	—	—	—
	容积（亿 m³）	0.02	0.11	0.28	0.52	0.82	1.14	1.48	1.81	2.15	2.48	—	—	—
B8 六角山	高程（m）	25	26	27	28	29	30	31	31.5	32	33	34	35	36
	面积（km²）	0.51	2.45	4.34	6.59	7.09	8.6	9.02	9.62	10.12	11.5	12.71	13.83	14.59
	容积（亿 m³）	0.0026	0.0174	0.0514	0.1061	0.1745	0.2530	0.3411	0.3877	0.4371	0.5452	0.6663	0.7990	0.9411

注：1. 高程基面为冻结基面。

2. "—"表示未知或未测。

表 4.1-16　　南洞庭湖蓄滞洪区高程—面积、容积关系

蓄洪区	项目														
B9 安化	高程(m)	30.00	31.00	32.00	33.00	34.00	35.00	36.00	37.00	38.00	38.12	—	—	—	—
	面积(km²)	0.50	12.05	32.61	55.20	71.82	76.80	77.93	78.48	78.48	78.48	—	—	—	—
	容积(亿m³)	0.0050	0.1206	0.4467	0.9987	1.7169	2.4849	3.2642	4.0490	4.8338	4.9280	—	—	—	—
B10 和康	高程(m)	29.5	30.0	30.6	31.0	31.5	32.0	32.5	33.0	33.6	37.4	—	—	—	—
	面积(km²)	2.27	6.07	26.20	55.53	74.60	85.27	91.47	94.93	96.82	96.82	—	—	—	—
	容积(亿m³)	0.007	0.040	0.190	0.420	0.790	1.220	1.680	2.150	2.730	6.410	—	—	—	—
B11 南顶	高程(m)	—	—	—	—	—	—	—	—	—	—	—	—	—	—
	面积(km²)	—	—	—	—	—	—	—	—	—	—	—	—	—	—
	容积(亿m³)	—	—	—	—	—	—	—	—	—	—	—	—	—	—
B12 共华	高程(m)	27.00	27.50	28.00	28.50	29.00	29.50	30.00	30.50	31.00	31.50	32.00	32.50	33.00	35.37
	面积(km²)	14.47	37.95	61.28	71.62	78.75	88.75	100.15	109.37	117.03	123.50	129.47	132.13	132.81	133.13
	容积(亿m³)	—	0.13	0.38	0.71	1.00	1.51	1.98	2.50	3.07	3.67	4.30	4.96	5.62	8.78
B12 双华	高程(m)	27.00	27.50	28.00	28.50	29.00	29.50	30.00	30.50	31.00	35.26	—	—	—	—
	面积(km²)	5.50	11.19	25.82	51.67	70.76	84.37	88.68	90.22	90.57	90.78	—	—	—	—
	容积(亿m³)	—	0.04	0.13	0.33	0.63	1.02	1.46	1.90	2.35	6.22	—	—	—	—
B12 茶盘洲	高程(m)	27.00	27.50	28.00	28.50	29.00	29.50	30.00	30.50	35.21	—	—	—	—	—
	面积(km²)	6.03	9.43	16.81	25.45	33.00	43.91	52.04	52.14	52.30	—	—	—	—	—
	容积(亿m³)	—	0.04	0.10	0.21	0.36	0.55	0.79	1.05	3.51	—	—	—	—	—
B13 民主	高程(m)	27.00	28.00	30.00	32.00	34.00	34.75	—	—	—	—	—	—	—	—
	面积(km²)	23.58	77.78	144.48	178.10	192.89	201.50	—	—	—	—	—	—	—	—
	容积(亿m³)	0.13	0.64	2.86	6.09	9.80	11.20	—	—	—	—	—	—	—	—

续表

分洪区	项目													
B14 义合金鸡	高程(m)	27	28	29	30	31	32	33	34	35	36	—	—	—
	面积(km²)	3.60	4.50	6.20	7.15	7.80	9.50	10.00	10.50	11.00	11.50	—	—	—
	容积(亿 m³)	0.03	0.07	0.12	0.19	0.27	0.36	0.46	0.56	0.67	0.78	—	—	—
B15 城西	高程(m)	27.00	28.00	29.00	30.00	31.00	32.00	33.00	34.00	35.00	35.41	—	—	—
	面积(km²)	33.97	55.52	76.32	91.79	98.16	101.96	104.50	105.00	105.50	105.50	—	—	—
	容积(亿 m³)	0.51	0.96	1.62	2.46	3.41	4.41	5.44	6.49	7.54	7.98	—	—	—
B16 北湖	高程(m)	27	28	29	30	31	32	33	34	35	36	—	—	—
	面积(km²)	14.0	21.0	26.1	30.1	35.5	40.0	42.5	45.7	48.1	48.6	—	—	—
	容积(亿 m³)	0.12	0.30	0.54	0.82	1.15	1.53	1.94	2.38	2.85	3.31	—	—	—
B17 屈原	高程(m)	26.00	27.00	28.00	29.00	30.00	31.00	32.00	33.00	34.00	34.83	—	—	—
	面积(km²)	53.457	82.718	108.402	124.473	138.473	150.473	160.473	168.473	173.920	175.420	—	—	—
	容积(亿 m³)	0.400	1.010	2.000	3.020	4.500	5.900	7.500	9.070	10.800	12.326	—	—	—

注：1. 高程基面为冻结基面。

2. 表内义和金鸡坑的容积为围堤内部分加围堤外部分，总有效蓄洪量为 1.21 亿 m³。

3. "—"表示未知或未测。

表 4.1-17　东洞庭湖蓄滞洪区高程—面积、容积关系

分洪区	项目									
B18 集成安合	高程(m)	29.50	30.00	31.00	32.00	33.00	34.00	35.00	36.00	36.69
	面积(km²)	6.820	14.447	60.932	100.940	122.670	127.434	127.434	127.434	127.434
	容积(亿 m³)	—	0.05	0.43	1.24	2.36	3.6	4.88	6.15	7.08
B19 钱粮湖	高程(m)	27.00	28.00	29.00	30.00	31.00	32.00	33.00	34.00	34.82
	面积(km²)	—	—	—	—	—	—	—	—	—
	容积(亿 m³)	1.43	2.11	3.85	6.62	9.93	13.42	17.29	20.86	24.25

续表

站名	项目									
B20 大通湖东	高程(m)	—	—	—	—	—	—	—	—	—
	面积(km²)	—	—	—	—	—	—	—	—	—
	容积(亿 m³)	—	—	—	—	—	—	—	—	—
B21 建设	高程(m)	29.87	30.00	31.00	32.00	33.00	34.00	35.00	35.35	—
	面积(km²)	—	—	—	—	—	—	—	—	—
	容积(亿 m³)	0.40	0.56	1.62	2.64	3.70	4.77	5.80	6.13	—
B22 建新	高程(m)	28.00	29.00	30.00	31.00	32.00	33.00	34.00	34.61	—
	面积(km²)	5.00	11.99	26.60	36.40	40.16	40.16	40.16	40.16	—
	容积(亿 m³)	0.03	0.11	0.30	0.62	1.00	1.40	1.81	2.05	—
B23 君山	高程(m)	27.0	28.0	29.0	30.0	31.0	32.0	34.4	—	—
	面积(km²)	5.37	23.37	53.47	80.05	87.44	88.95	88.95	—	—
	容积(亿 m³)	0.02	0.17	0.55	1.22	2.06	2.94	5.07	—	—
B24 江南	高程(m)	25.0	26.0	27.0	28.0	29.0	30.0	31.0	32.0	33.5
	面积(km²)	31.1	38.76	55.23	74.21	92.83	97.79	10.6.97	115.09	122.39
	容积(亿 m³)	0.26	0.62	1.09	1.73	2.57	3.52	4.54	5.65	6.84
B24 陆城	高程(m)	25.0	26.0	27.0	28.0	29.0	30.0	31.0	32.0	33.5
	面积(km²)	24.41	32.05	35.87	46.23	54.88	62.27	68.74	74.46	79.57
	容积(亿 m³)	0.20	0.49	0.83	1.24	1.74	2.33	2.98	3.70	4.47

注：1. 高程基面为冻结基面。

2. "—"表示未知或未测。

表4.1-18　　蓄滞洪区安全区建设规划基本情况

垸名	安全区名	所在县(市,区)	规划人口(人)		城镇面积(km²)	工业产值(万元)	固定资产(万元)	蓄洪水位(m)	地面高程(m)	规划安全区	
			定居	转入						面积(km²)	围堤长(km)
B12 共双茶	创业	沅江市	8217	17182	—	27500	—	33.65	28.25	3.40	8.641
	泗湖山	沅江市	8448	30582	—	15000	—	33.65	27.75	4.15	11.576
	幸福镇	沅江市	7593	17975	—	75000	—	33.65	28.00	3.09	9.521
	新华	沅江市	4409	22792	—	6000	—	33.65	—	4.50	4.380
	白沙	沅江市	2786	17150	—	—	—	33.65	—	2.90	2.976
	华田	沅江市	2351	15557	—	—	—	33.65	—	2.50	3.806
	沙头镇	资阳区	5979	22024	0.32	3200	14300	33.26	20.25	2.90	4.820
B13 民主	屁湖口	资阳区	—	—	—	—	—	33.26	—	4.20	—
	张家塞	资阳区	—	—	—	—	—	33.26	—	4.10	—
B15 城西	南阳	湘阴县	1050	4730	0.20	3000	6303	33.42	27.00	1.48	—
	鹤龙	湘阴县	—	—	—	—	—	33.42	—	1.49	—
	蔡家港	湘阴县	1519	12087	—	—	—	33.42	—	1.51	—
	顺风	湘阴县	—	—	—	—	—	33.42	—	1.52	—
	东方红	湘阴县	—	—	—	—	—	33.42	—	1.50	—
B17 屈原	小边山	屈原管理区	27829	3965	6.30	45000	90000	33.10	28.50	12.28	14.742
	高泉	屈原管理区	2678	5843	1.50	2678	6000	33.10	28.50	3.30	5.072
	横港	屈原管理区	1479	8480	0.00	85	1400	33.10	23.50	1.00	4.080
	大江	屈原管理区	1375	7789	0.00	70	1200	33.10	24.50	0.92	3.890
	河市	屈原管理区	1540	8628	0.00	120	1600	33.10	28.00	1.02	4.040
	三星渡	屈原管理区	—	—	—	—	—	33.10	—	—	—
	石山	屈原管理区	—	—	—	—	—	33.10	—	—	—

续表

垸名	安全区名	所在县(市、区)	规划人口(人) 定居	规划人口(人) 转人	城镇面积(km²)	工业产值(万元)	固定资产(万元)	蓄洪水位(m)	地面高程(m)	规划安全区 面积(km²)	规划安全区 围堤长(km)
	洽河渡	华容县	8659	15653	—	50500	—	33.06	—	2.81	—
	潘家渡	华容县	1016	11745	—	5200	—	33.06	—	1.46	5.664
	层山	君山区	52628	13773	5.20	—	—	33.06	—	13.48	8.208
	团洲	华容县	3793	14673	—	23600	—	33.06	—	2.51	9.408
B19 钱粮湖	良心堡	君山区	4616	22687	0.39	16000	—	33.06	—	4.20	8.529
	插旗	华容县	5929	22471	0.50	32000	—	33.06	—	3.39	2.884
	方台湖	君山区	215	6575	—	—	—	33.06	—	0.70	5.760
	团洲湖	华容区	1483	9206	—	2700	—	33.06	—	1.58	—
	后窖	华容县	—	83127	—	—	—	33.06	—	—	—
	华阁镇	南县	12902	29144	—	3600	—	33.68	28.00	5.57	7.831
	注滋口	华容县	8008	14781	—	70000	—	33.68	28.50	2.98	5.190
	老河	南县	1770	11231	—	—	—	33.68	—	1.52	6.200
B20 大通湖东	同丰	南县	4780	12557	—	—	—	33.68	—	1.90	6.705
	东滨河	华容县	2120	15717	—	—	—	33.68	—	1.90	6.705
	团山	华容县	3689	17635	—	2000	—	33.68	—	3.01	5.660
	新洲	华容县	693	6486	—	—	—	33.68	—	1.03	5.660
B22 建新	建新	君山区	3785	5863	0.00	500	3000	32.82	27.50	13.33	16.682
B24 江南陆城	江南	临湘市	3178	3323	0.60	9000	30000	31.23	26.75	0.97	4.720
	陆城	云溪区	3047	2383	2.11	19104	58671	31.72	27.00	2.56	6.640

注:1. 资料来源于洞庭湖区钱粮湖、共双茶、大通湖东垸 3 垸蓄洪工程钱粮湖蓄洪垸安全建设一期工程初步设计报告;全国蓄滞洪区建设与管理规划;湖南省洞庭湖区围堤湖、澧南、西官垸安全建设及民主、城西垸安全建设试点工程可行性研究报告;安化等 9 垸初步设计报告。

2. 高程系统采用 85 黄海高程。

3. "—"表示未知或未测。

表 4.1-19　　　　　　　　　　　　蓄滞洪区分洪口门规划基本情况

垸名	口门名称	口门位置	起止桩号	宽度（m）	设计水位（m）	设计流量（m³/s）	所在河流
B1 澧南	回龙	澧县澧南乡回龙村	7+000～7+127	127	42.87	2886	澧水尾闾
B2 九垸	张市窑	澧县九垸乡张市窑	12+000～12+440	440	40.27	2924	七里湖
B3 西官	濠口	澧县西官乡濠口村	42+240～42+450	210	38.89	1713	松滋西支
B4 安澧	小望角	安乡县安凝乡	34+500～34+850	350	38.11	3549	松滋中支
B5 安昌	白粉咀	安乡县安昌乡	17+512～17+702	190	37.13	2339	虎渡河
	同春	安乡县安宏乡	31+022～31+172	150	37.13		虎渡河
B6 南汉	南鸿学家	南县武圣宫镇	63+300～63+560	260	35.68	5448	藕池西支
	西伏		38+200～38+486	286			藕池西支
	下新码头		27+600～27+886	286			
B7 围堤湖	北拐下	汉寿县辰阳街道办	1+500～1+947	447	36.53	2740	沅江洪道
	接港下	汉寿县辰阳街道办	14+000～14+150	150			沅江洪道
B8 六角山	鲜鱼冲	汉寿县蒋家嘴镇	2+093～2+213	120	34.30	683	目平湖
B9 安化	天保	安乡县三岔河镇	17+100～17+290	190	36.40	1738	藕池西支
B10 和康	陈家村	南县北河口乡	1+800～2+000	200	35.48	4000	藕池中支
	金家铺	南县麻河口镇	18+900～19+180	280	35.48		藕池中支
B11 南顶	西河头	南县牧鹿湖乡	23+450～23+600	150	35.60	1700	陈家岭河
B12 共双茶	共华八形汉	沅江市白沙乡	22+700～23+050	350	33.65	4000	南洞庭湖
	黑湖脑	沅江市茶盘洲镇	84+500～84+590	90	33.10	1200	南洞庭湖
	双华鲇鱼下	沅江市泗湖山镇	102+800～102+960	160	33.54	2000	南洞庭湖
B13 民主	陈婆洲	益阳市资阳区沙头镇	20+745～21+205	460	34.80	4000	资水洪道
	大潭口	资阳区此湖口镇	66+745～66+205	460	33.26		南洞庭湖
B14 义合金鸡	湾河上堵坝	湘阴县静河乡爱民村	0+500～0+546	46	33.56	347	湘江尾闾
	麦子—爱民	湘阴县静河乡金鸡	1+850～1+870	20	33.56		湘江尾闾
B15 城西	熊家棚	湘阴县浩河口镇	2+690～2+840	150	33.42	3000	湘江洪道
	斗米咀	湘阴县湘临乡	21+300～21+450	150	33.42		南洞庭湖
B16 北湖	省园艺场三队	湘阴县石塘乡	9+300～9+340	40	33.12	1000	南洞庭湖

续表

垸名	口门名称	口门位置	起止桩号	宽度（m）	设计水位（m）	设计流量（m³/s）	所在河流
B17 屈原	凤凰嘴	岳阳市屈原管理区	3＋100～3＋230	130	33.10	4557	汨罗江
B18 集成安合	安合天螺洲	华容县操军乡	27＋900～28＋200	300	34.68	2635	藕池东支
B19 钱粮湖	新生莲花窖	华容县插旗镇	0＋000～0＋220	220	33.68	1660	藕池东支
	农场刘家铺	岳阳市君山区良心堡镇	11＋600～11＋880	280	33.20	2060	藕池东支
	农场二门闸	岳阳市君山区钱粮湖镇	38＋500～38＋680	180	33.04	1300	东洞庭湖
	农场大东哈	岳阳市君山区采桑湖镇	45＋000～45＋300	300	33.04	2500	东洞庭湖
	团洲团北	华容县团洲乡	33＋710～33＋860	150	33.04	1090	东洞庭湖
	新华新河里	华容县治河渡镇	15＋200～15＋310	110	33.47	720	华容河北支
	新华鲇鱼下海	华容县治河渡镇	0＋900～1＋010	110	33.91	720	华容河北支
B20 大通湖东	同兴德胜	南县华阁镇	4＋800～5＋000	200	33.68	6779	藕池东支
	隆西风车拐	华容县注滋口镇	174＋080～174＋230	150	33.07		东洞庭湖
	团山新沟闸	华容县幸福乡	176＋760～176＋860	100	33.07		东洞庭湖
	新洲新安村	华容县幸福乡	186＋100～186＋200	100	33.07		东洞庭湖
B21 建设	王家塌子	岳阳市君山区广兴洲镇	8＋000～8＋300	300	33.03	2210	东洞庭湖
B22 建新	黄安湖	岳阳市君山区广兴洲镇	7＋500～7＋700	200	33.03	756	东洞庭湖
B23 君山	楼西湾	岳阳市君山区柳林洲镇	32＋300～32＋560	260	32.71	1851	东洞庭湖

续表

垸名	口门名称	口门位置	起止桩号	宽度(m)	设计水位(m)	设计流量(m³/s)	所在河流
B24 江南 陆城	陆城 周家墩	岳阳市 云溪区陆城镇	18+400～18+530	130	31.72		长江
	陆城 鸭栏下	临湘市儒溪镇	24+700～24+830	130	31.23	6985	长江
	江南 北堤拐	临湘市黄盖镇	52+100～52+230	130	30.70		长江

注：1.资料采用《湖南省洞庭湖蓄滞洪区安全建设可行性研究报告（第一批）》总报告及分报告（湖南省水利水电勘测设计研究总院，1999年5月）及湖南省人民政府湘政发〔1991〕29号文综合、补充、整理。

2."湖南省水利水电勘测设计研究总院"现名为"湖南省水利水电勘测设计规划研究总院有限公司"。

3.西官垸、围堤湖垸、澧南垸、钱粮湖垸、共双茶垸、大通湖东垸已建分洪闸，分洪口门使用可根据实际情况调整。

4.高程系统采用85黄海高程。

4.2　湖区典型历史灾害概述

4.2.1　洪灾

洞庭湖水系洪水发生时间常随雨季变化而提前或推后，导致长江向洞庭湖分流的三口以及湘、资、沅、澧四水洪水互相遭遇，形成洪涝灾害。新中国成立以来，洞庭湖区有40年发生了不同程度的洪涝灾害。1954年长江流域出现了近百年罕见的全流域性特大洪水，1995—1999年5年中有4年发生特大洪水，近年来，洞庭湖区2002年、2016年、2017年、2020年发生特大洪水，洞庭湖区灾害损失严重，洪水类型主要为三口型、四水型和三口四水型。

（1）1954年洪水

1954年洪水为三口四水型。由于中高纬形势和副热带高压脊线位置稳定，1954年梅雨期持续时间特别长，长江流域暴发了一次近百年来罕见洪水。暴雨持续时间长、面积广、上下游雨季重叠、干支流洪水发生遭遇，造成长江中下游的洪峰水位均突破了历史最高纪录。全省入夏后，气候反常，雨水特多。湖区各地5月雨量约为历年5月平均雨量的2倍，6月为历年同期雨量的4倍多，7月为历年的3倍。5—7月，除湘江降雨略小（800mm）外，其余三水的平均雨量接近平常一年的雨量（1100～1400mm）。汛期，湘、资、沅、澧四水洪水过程频繁，连续发生较大洪峰8～9次，且多次与长江洪峰相遇，湘江长沙站最高水位37.40m（7月

1 日)、资水桃江站最高水位 42.91m(7 月 25 日)、沅江桃源站最高水位 44.39m(7 月 30 日)、澧水三江口最高水位 67.85m(6 月 25 日)。湖区入汛后水位一直上升而无回落,同时长江下游水位在这段时期内一直居高不下,洪水宣泄不畅。7 月底,沅、资、澧三水都出现高洪峰,夺据了湖容,抬高了水位。8 月上旬,长江洪峰接踵而来,8 月 3 日,四水与长江洪水碰头,形成江湖洪水顶托局面,高危水位持续不下,湖区城陵矶(七里山)站 8 月 3 日出现洪峰水位 34.55m,超过了当时自有水文记录以来最高水位的时间(持续 50 多天)。

根据灾情统计,全年洞庭湖区常德、澧县、安乡、汉寿、沅江、华容、湘阴、望城、长沙等县共溃垸 356 个,占原有堤垸的 77.6%,溃口 881 处,溃决面积 385 万亩。据初步调查,全年湖区因灾死亡 470 人,受灾 231 万人,淹没耕地约 384.95 万亩。

(2)1995 年洪水

1995 年洪水为四水型。6 月 13 日至 7 月 7 日梅雨期间,长江中下游地区出现了 4 次大的暴雨过程,暴雨区位置偏南,暴雨中心区稳定维持在长江中下游干流到洞庭湖、鄱阳湖北部地区一带。据梅雨期降水总量分析,300mm 以上降雨区笼罩洞庭湖的湘江、资水、沅江,暴雨中心地区梅雨量达到 700mm 以上。梅雨期 4 次暴雨过程中以 6 月 18—26 日暴雨的强度最大,持续时间最长,此轮暴雨主要分布在两湖水系及鄂东北地区,洞庭湖汨罗江和湘江金井河均出现新中国成立以来的最高洪水位,洞庭湖出口城陵矶站 6 日 20 时洪峰水位 33.68m,超过警戒水位 1.18m。以 6 月 29 日至 7 月 2 日的暴雨面积最广泛,50mm 以上雨区呈东西向带状,覆盖乌江、洞庭四水、鄱阳五河及长江下游干流,洞庭湖水系各支流均出现洪峰水位,湘江、沅江发生大洪水,资水桃江站 7 月 2 日洪峰水位 44.30m。7 月上旬,宜昌以上维持 30000m³/s 以上来流量,上游来水与洞庭湖大洪水相遇,使得干流监利以下各站水位持续上涨,监利、螺山分别于 7 月 7 日、7 月 6 日出现洪峰水位,在汉口 30 天、60 天洪量中,宜昌以上来水所占比重小于历年平均值,洞庭四水所占比重比多年平均分别大 16.1% 和 11.1%,其中以湘江和沅江较为突出,反映汉口洪水除主要来自宜昌以上外,湘江和沅江起很大作用。

根据灾情统计,全年湖区因洪水溃决大、小堤垸 84 个,受灾面积 43.95 万亩,受灾 36.92 万人,因灾死亡 7 人。

(3)1996 年洪水

1996 年洪水为四水型。7 月由于印度季风低压向北伸向西藏高原,西太平洋副热带高压的平均脊线位置在北纬 25.8°,较常年偏北 5 纬距左右(常年平均在北纬 20.1°),洞庭湖区在西风带系统和热带系统的相互作用下产生暴雨。7 月 1—20 日,全省持续暴雨,平均降雨 286mm,其中降雨量 200mm 和 300mm 以上笼罩面积分别达 15 万 km²、10.5 万 km²,湖区降雨达 251mm。受强降雨影响,7 月上旬,澧水、沅江先后发生流域性洪水,紧接着长江上游发生较大洪水,7月13日长江入洞庭湖洪水最大达10156m³/s,洞庭湖全面超过警戒水位,7月12日城陵矶水位达32.13m。湘江中上游和洞庭湖仍处于高洪水位情况下,7月13—17日,资水、沅江和洞庭湖区连续降大到暴雨,湘江中上游同时降大到暴雨,洞庭湖洪峰叠加,水位全面超历史,城陵矶7月22日洪峰水位35.31m。受当年8号台风影响,8月初的湘江洪水进一步延长了洞庭湖高洪水位时间。城陵矶自7月11日超警戒水位,至8月20日退出,超警戒水位时间持续41天,超历史最高水位8天(192小时),湖区的2600km湖堤超历史最高洪水位。

根据灾情统计,全年洞庭湖区溃决或被迫蓄洪的大小堤垸145个(万亩以上堤垸26个),总面积229.5万亩,淹没农田122.9万亩,转移人口113.8万人,因灾死亡170人。

(4)1998年洪水

1998年洪水为三口四水型。6—8月由于夏季副热带高压长期徘徊于偏南位置,且强度很强,致使雨带停留在湘中以北位置,形成了一次又一次的强降水过程。6月中下旬至8月中旬,湘、资、沅、澧四水及洞庭湖区相继发生多次暴雨洪水,与长江8次洪峰量大的洪水遭遇,形成自1954年以来最大洪水。据测算,6月1日至8月31日,长江来水通过宜昌洪量达到3046亿m³,洞庭湖区间产水量246亿m³。长江枝城维持50000m³/s以上流量达38天,8月17日三口最大入湖流量达18934m³/s,加上四水入湖流量,最大总入湖流量达63800m³/s。长江洪水与四水和洞庭湖区间洪水在洞庭湖遭遇,城陵矶连续出现5次洪峰,其中4次超历史最高洪水位。8月20日最高水位35.94m,但受长江洪水顶托影响,出湖流量仅28800m³/s。湖区的高危水位时间从夏至秋,历时两个多月。汛期城陵矶站高洪水位持续时间长,超危险水位33m达78天,超34m达55天,超35m达42天。

根据灾情统计,全年湖区外溃堤垸142个,其中千亩以上堤垸62个,万亩以上堤垸7个,溃灾总面积66.35万亩,受灾37.87万人。内溃千亩以上堤垸21个,总面积11.4万亩,涝灾面积394万亩。洞庭湖区受灾946.37万人,因灾死亡184人,受灾面积810.62万亩,经济损失197.05亿元。

(5)1999年洪水

1999年洪水为四水型。6月下旬至7月下旬,湖南中北部地区大多数时段有冷锋或静止锋活动,500hPa气压线在东经105°以西多低槽活动,常引导地面冷空气南下影响江南地区,700hPa气压线、850hPa气压线在北纬32°以南低涡和切变活动频繁,形成一次次暴雨过程。汛期全省平均降雨1228.6mm,较历年同期均值偏多32%,降雨时空分布不均。汛期降雨主要集中于湘江、资水、沅江流域及洞庭湖区。6月27日至7月2日,宜昌站流量由20000m³/s左右上涨到47400m³/s,长江洪水经三口大量涌入洞庭湖,与沅、澧洪水在湖区遭遇,造成西、南、东洞庭湖水位全面上涨。城陵矶(七里山)站于7月6日出现第一次洪峰水位 34.32m,超警戒水位 2.32m。7 月 15—18 日,四水及洞庭湖区再次普降大到暴雨,降雨中心集中在四水下游地区,四水下游、洞庭湖区水位再次全面上涨。7 月 19—22 日长江干流宜昌站流量一直维持在 50000m³/s 以上,洞庭湖区区间产流达 8000~9000m³/s,由于四水、湖区区间及长江干流洪水几次遭遇,形成洞庭湖洪水上压下顶的局面,湖区水位不断提高,城陵矶(七里山)站于 7 月 23 日 2 时出现当年最高洪水位 35.68m,超警戒水位 3.68m,仅比历史最高水位(1998 年)低 0.26m。

根据灾情统计,全年洞庭湖区溃决万亩以上堤垸 1 个,淹没面积 15.45 万亩,其中耕地面积 10.3 万亩,受灾 7.69 万人,倒塌房屋 2.2 万间,直接经济损失 26.45 亿元。

(6)2002 年洪水

2002 年洪水为四水型。5 月上中旬,受高空低槽、中低层切变、地面冷空气及西南暖湿气流的共同影响,全省自北向南普降大到暴雨,湘江、资水、沅江和湖区出现超警戒水位的较大洪水过程。6 月 27 日开始,随副热带高压的减弱和南散,并受高空低槽、中低层切变及地面冷锋的共同影响,梅雨锋雨带在长江流域重建,全省自北向南又发生了一次强降雨过程,东、南洞庭湖再次超警戒水位。8 月下旬,由于西太平洋副热带高压加强西伸,洋面上热带天气系统活跃,青藏高原东部有低槽东移,加上中低层西南气流开始形成,全省自北向南发生降雨过程,加上长江上游普降大雨,全省发生较大秋汛,汛情再度紧张,洞庭湖区也发生历史上少有的秋汛。8 月 24 日,城陵矶(七里山)站出现洪峰水位 34.91m,超警戒水位 2.91m,居有实测资料以来的第 4 位。洞庭湖水位维持在警戒水位以上时间长达 16 天。

根据灾情统计,全年湖区受灾约 262.21 万人,直接经济损失 14.82 亿元。

(7)2016 年洪水

2016 年洪水为四水型。受超强厄尔尼诺事件的影响,全省汛期共发生了较明显的降雨过程 27 次,其中造成较大汛情和灾情的暴雨洪水过程 15 次,全省累计降水量 1132mm,较历年同期均值偏多 19.2%,洞庭湖区降雨较历年同期均值偏多 22.4%。汛期,三口四水合计来水总量 1968 亿 m³,较历年同期偏多 3.8%。其中,三口来水总量 463 亿 m³,较历年同期均值偏少 31.6%;四水合计来水总量 1505 亿 m³,较历年同期均值偏多 23.4%。7 月,洞庭湖区持续超警,最多时有 75 个堤垸 1928km 堤防水位超警戒,占总堤长的 55%。7 月 8 日 13 时城陵矶(七里山)站洪峰水位达 34.47m,相应流量 29300m³/s,为 1998 年大水以来的第 4 高水位,超警持续时间达 27 天(7 月 3—29 日)。

根据灾情统计,全年湖区受灾约 168.41 万人,因灾死亡 3 人,直接经济损失 21.38 亿元。

(8)2017 年洪水

2017 年洪水为四水型。汛期,全省平均降雨 1038.5mm,较历年同期均值偏多

9.3%。降雨的空间分布上呈"四高一低",其中湘东北、湘江下游及东洞庭地区为一个高值区,洞庭湖区降雨较历年同期均值偏多23.8%。6月22日至7月2日,全省降雨持续时间长达10天,累计降雨270mm,降雨超过300mm、500mm的笼罩面积分别达8.8万km²、0.8万km²。受强降雨影响,湘江发生了流域性特大洪水,资水及沅江发生了大洪水,其中湘江干流全线,沅江干流中下游,资水干流除冷水江至新化河段以及洞庭湖1/3堤段外均超保证水位。湘江、资水、沅江3条河流洪水同时在洞庭湖遭遇,形成洞庭湖区大洪水。洞庭湖洪水组合最大入湖流量、最大出湖流量分别达到81500m³/s、49400m³/s,均排新中国成立以来第1位。洞庭湖3471km一线大堤全线超警戒水位,1/3堤段超保证水位。城陵矶站7月4日14时,洪峰水位34.63m,超保证水位0.08m,排历史实测第5位,超警持续时间13天(7月1—13日)。

根据灾情统计,全年湖区受灾194.85万人,因灾死亡4人,直接经济损失67.8亿元。

(9)2020年洪水

2020年洪水为三口四水型。汛期,由于西北太平洋副热带高压偏强、偏西,在江南地区南北摆动,加上北方弱冷空气频繁影响,使得梅雨峰在北纬30°附近稳定维持,导致全省湘中以北地区频繁出现强降雨过程。汛期全省累计降雨1133.4mm,较多年同期均值偏多19.3%,洞庭湖区较历年同期均值偏多27.8%。洞庭湖区全线共55站次超警戒水位,15站次超保证水位,八百里洞庭一度成为"地上悬湖"。6月28日至9月1日,受省内4轮强降雨及长江上游5次编号洪水共同影响,四水洪水与长江洪水在洞庭湖区遭遇,洞庭湖区发生4次左右洪水过程。城陵矶(七里山)站洪峰水位34.74m,超保证水位0.19m,最大入、出湖流量分别为51500m³/s、33200m³/s。在本轮暴雨洪水过程中,洞庭湖经历几次缓退和复涨,城陵矶站自7月4日18时超警,先后经历3次复涨、2次超保,至9月1日18时退出警戒水位,持续超警戒时长达60天,为21世纪第1位。东洞庭湖鹿角站、西洞庭湖南嘴站、南洞庭湖沅江站超警时长也分别达到44天、50天、50天。据统计,洞庭湖区水利工程均有不同程度的灾损。

4.2.2 旱灾

洞庭湖区发生较大旱灾的年份有1978年、2001年、2003年、2005年、2006年、2011年、2013年、2022年等,干旱类型主要是全省性干旱、局域性夏秋干旱和洞庭湖区春夏连旱。

(1)1978年干旱

1978年干旱为全省性干旱。4月下旬进入雨季后,全省于6月22日提前结束雨季,连晴20天滴雨未下。全年1—9月平均降雨930mm,较历年同期均值1204mm偏少23%。其中7—9月平均210mm,比历年同期均值340mm偏少38%,7月只有57mm,比历年同期均值 136mm 偏少 57%。据不完全统计,全省大部分地区发生干旱,湖区农作物受旱面积约为 33.33 万 hm²。

（2）2001 年干旱

2001 年干旱为局域性夏秋干旱。全省湘北、湘西北、湘中、湘东部分地区分别于 6 月中旬至 8 月上旬、8 月下旬至 9 月底遭受了两次较大范围的旱灾。旱情发展之快,持续时间之长,受灾范围之广,实属罕见。此外,旱灾不仅在山丘区发展蔓延,洞庭湖区的干旱也很严重。湖区的常德、益阳、岳阳都出现从外河引水抗旱的局面,部分乡村人畜饮水出现严重困难。全省最大受旱耕地面积 110.51 万 hm²,旱田作物受旱 42.21 万 hm²,24427 个村民组的 212.88 万人、109.7 万头大牲畜饮水困难,全省因旱减产粮食 25 亿 kg,直接经济损失达 19 亿元。据统计,全年洞庭湖区 37 县(市、区)农作物受旱面积约 21.3 万 hm²,其中成灾面积 18 万 hm²,粮食减产 50 万 t,经济损失 7.3 亿元。

（3）2003 年干旱

2003 年干旱为全省性干旱。6—9 月,湘中、湘南地区持续高温,旱情蔓延迅猛,出现新中国成立以来罕见的严重干旱。自 6 月中下旬开始,全省降雨分布极不均匀。6 月 29 日以来全省大部分时间维持在 35℃以上高温天气,部分市(县)最高气温超过 40℃,创新中国成立以来历年同期最新纪录。8—9 月,全省 14 个市(州)降雨绝大部分均较历年同期均值偏少,部分市(州)偏少 60%～90%。干旱期间,连续一个月以上无降雨站约 30 个,有的县(市)连续 50 多天没有明显降雨,夏秋连旱,受旱持续时间长。至 8 月上旬,全省干旱面积达最大值,全省 21.18 万 km² 面积中,有 18 万 km² 出现严重干旱,近 14 万 km² 地区接近严重干旱,近 4 万 km² 出现严重干旱。据不完全统计,全年湖区农作物受旱面积约 23.60 万 hm²,因旱饮水困难人口 99.34 万。

（4）2005 年干旱

2005 年干旱为全省性干旱。6 月中旬开始,持续的晴热高温,降雨明显偏少,使湘西北、湘中、湘南等地开始出现干旱。随着蒸发加剧,旱情发展迅速。7 月上旬全省有 7 个市(州)、28 个县(市、区)受旱。至 8 月中旬,受旱高峰时,全省 14 个市(州)、109 个县(市、区)、1770 个乡镇受旱,局部地方旱情严重,农作物枯死,库塘干枯,溪河断流,人畜饮水困难。9 月,湘南、湘中、湘西等地又开始晴热少雨,蓄水偏少,旱情发展,尤其是人畜饮水比较困难。10 月 10 日受旱高峰时,全省有 9 个市(州)、75 个县(市、区)、1301 个乡镇受旱,农作物受旱面积 48.33 万 hm²,因旱造成 1.29 万个村的 95.66 万人、94.5 万头大牲畜饮水出现困难。据不完全统计,全年湖区农作物受旱面积约 19.94 万 hm²,因旱饮水困难人口 55.15 万。

（5）2006 年干旱

2006 年干旱为局域性夏秋干旱。从 6 月下旬开始，湘西北、湘北地区开始受旱，随着旱情一步步发展蔓延，洞庭湖区出现了严重旱情。7 月 7 日，城陵矶（七里山）站水位 27.23m，比历年同期偏低 2.65m。8 月 14 日，城陵矶水位降到本年最低水位，约 25m。8 月 30 日，洞庭湖区域的南嘴、草尾、小河嘴、沅江、城陵矶水位比历年同期偏低 2.75～2.7m，在全省主汛期十分罕见，堤垸只能通过提灌解决沿湖部分内垸的生活用水和生产需要。10 月，受长江三峡大坝蓄水影响，长江来水量继续偏少，洞庭湖水位持续长时间偏低，10 月 12 日，城陵矶水位为 21.74m，较历年同期均值 26.91m 偏低 5.17m。湖区大部分蓄水工程无水可供，引水工程断流，提水工程几近瘫痪。据统计，湖区全年农作物旱灾面积在 33.33 万 hm² 以上，成灾面积达 20 万 hm²，经济损失达数十亿元。

（6）2011 年干旱

2011 年干旱为洞庭湖区春夏连旱。1—5 月，全省累计降雨 301mm，其中 4—5 月降雨仅 166mm，4 月、5 月降雨分别较历年同期均值偏少 51％、57％。降雨持续偏少导致江河来水严重偏枯，长江入湖三口中藕池口基本断流。5 月底洞庭湖水面不及常年一半，水量不及常年的 1/4。据统计，春夏连旱造成湖区 118 万人、57 万头大牲畜饮水困难，157 个集镇不能正常供水，有些集镇甚至中断供水，农作物受旱面积约 13.83 万 hm²。

（7）2013 年干旱

2013 年干旱为全省性干旱。6 月底至 8 月中旬，全省持续晴热高温少雨，发生了超历史的特大干旱。干旱自 6 月底从湘中的衡阳、邵阳等地开始，迅速向全省蔓延，到 8 月 14 日发展为干旱高峰，受旱面积达到最大值，全省约 17 万 km² 遭受不同程度的干旱，其中湘中及湘西南约 14 万 km² 为中度以上水文干旱。受持续高温、来水偏少影响，四水干流部分河段接近历史同期最低值，部分一级或二级支流出现断流或创历史新低水位，全省 3707 条溪河断流。据不完全统计，全年湖区农作物受旱面积约 19.49 万 hm²，因旱饮水困难人口 27.23 万。

4.3　湖区水旱灾害成因分析

4.3.1　洪灾成因分析

洞庭湖区湖南省面积 16157km²，地势低洼、河湖水网密布，区内包括湘、资、沅、澧四水尾闾及三口洪道堤垸保护区，有重点垸 11 个，蓄洪垸 24 个。湖内江湖关系复杂，防洪堤线漫长，特殊的自然地理、河网水系环境及脆弱的防洪治涝体系，导致湖区洪涝灾害受多方面影响,既包括气象、水文、地形地貌等自然因素,又包括人类活动等社会因素。

(1)致洪成因分析

1)自然因素

a. 气象因素

湖区属北亚热带季风性气候,雨热同期,降水丰沛,时空分布不均,多梅雨、暴雨和台风。洞庭湖所在长江中下游地区受副热带高压脊线、西风环流和东南沿海台风等极端天气影响较多。当亚洲中高纬度地区经向环流盛行时,北方来的冷气流与南方来的暖湿气流长时间汇聚于长江中下游一带,常造成梅雨暴雨。梅雨暴雨多发生在 4—9 月,其中 6—8 月暴雨占全年暴雨的 90% 以上,导致湖区洪涝灾害频发。

b. 水文因素

汛期,湘、资、沅、澧水的干流和尾闾的水位受洪水影响发生变化,导致洪灾发生。洞庭湖区洪水除来自本区的降水外,还包括来自湘、资、沅、澧四水流域和湖区以上的长江流域的降水。湘、资、沅、澧四水同时遭受强降雨,洪水汇入洞庭湖,往往容易造成特大洪涝灾害。城陵矶作为洞庭湖唯一出水口,长江松滋、太平、藕池三口洪水、四水入湖洪峰从城陵矶注入长江,但在汛期城陵矶口由于受长江高水位顶托作用,洞庭湖排水受堵,甚至出现长江洪水倒灌入洞庭湖的情况,引发湖区大范围洪涝灾害。此外,洞庭湖内部芦苇丛生,滞流阻水,也严重影响其泄洪功能。

c. 地形地貌因素

洞庭湖区属沉积湖盆地,西、南、东三面环山,北临长江,盆底自西南向东北微倾,构成一个三面高、中北部低,类似撮箕的地形。湖区地势从西北向东南方向倾斜,成环带式递降的碟形盆地结构,为全省凹形大斜面的低洼中心,为四水及长江三口洪水汇聚提供了有利的地形条件。地势较平坦或起伏较小的洼地,不能快速排水,常常易发生洪涝灾害。洞庭湖区属于湖积平原,周围是低矮的山丘,平均海拔大多低于 50m,具备了洪涝灾害发生的地势地形条件。

2)社会因素

历史上,中原地区人口多次南迁于洞庭湖区,毁林开荒,引起水土流失,洞庭湖区泥沙淤积增多。新中国成立前,湖区境内耕地面积达 3956.8 万 m²;新中国成立后一段时间内,湖区总围垸面积达 10042.5km²,造成洞庭湖原始湖面萎缩。洞庭湖区泥沙淤积和过渡围垦,导致湖区面积逐渐减少。1954 年湖区内湖面积 340 万亩,1964 年 176 万亩,1973 年 113 万亩,1986 年 668 处(含内河)总面积 137.8 万亩,1993 年二期规划总面积 136.1 万亩,2013 年《全国第一次水利普查成果》总面积 110.39 万亩,2019—2021 年遥感影像调查主体水域面积 87.81 万亩,演变成水田或鱼塘的面积合计 22.25 万亩。

长江上游植被破坏和水土流失,荆江河床抬高,洞庭湖泥沙淤积加快,湖泊面积进一步缩减到现在的 2625km²,调蓄洪水的容积由 293 亿 m³ 减小到 167 亿 m³。洞庭湖蓄水面积较少,调蓄洪水能力降低,导致湖区洪涝灾害频发。

3)典型案例分析

以 2020 年洞庭湖区洪水为例进行分析。2020 年,湖南省受长江来水及省内暴雨洪水叠加影响,汛期洞庭湖区发生特大洪水。

2020 年全省平均降水量 1726.7mm,较上年偏多 15.2%,较多年平均偏多 19.1%,为偏丰年份。汛期全省累计降雨 1133.4mm,占全年降水量的 65.6%,较多年同期均值偏多 19.3%,全省大部分地区连续最大 4 个月降水量集中在 6—9 月,占全年降水量的 48.6%。降雨时空分布极为不均,降水量地域分布差别较大,全省最小降水量为永州市冷水滩区的普利桥站,年降水量 946.0mm,最大降水量为张家界市桑植县的八大公山站,年降水量 2933.0mm,极值比为 3.1。其雨洪过程特征主要如下:

a. 超警、超保站点多,时空差异明显

时间上前期平稳,后期紧张。其中 4—5 月仅湘江 2 站次超警,发生在 4 月 3—4 日;6—9 月四水及湖区共 90 站次超警、16 站次超保、2 站次超历史,特别是 6 月 28 日至 9 月 1 日,全省有 72 站次超警、14 站次超保,分别占超警、超保站点总数的 78%、87.5%。空间上湘江、资水相对平稳,沅江、澧水及湖区紧张。受强降雨及上游来水影响,湘江 11 站次超警、1 站次超保、1 站次超历史,资水 4 站次超警;沅江、澧水干流发生了 6~8 次洪水过程,6—7 月来水量分别偏多 5 成、1 倍,其中沅江 17 站次超警、1 站次超保、1 站次超历史,澧水 5 站次超警。洞庭湖环湖区全线超警戒水位,共 55 站次超警、15 站次超保,八百里洞庭一度成为"地上悬湖"。此外,沅江洪水异常频繁,干流下游 9 月中旬发生同期最大洪水,主要控制站桃源站 9 月 17 日洪峰水位 44.04m,较历史同期最高水位偏高 1.25m。

b. 洞庭湖区洪水峰高量大,超警时间长

6 月 28 日至 9 月 1 日,受省内 4 轮强降雨及长江上游 5 次编号洪水共同影响,四水洪水与长江洪水在洞庭湖区遭遇,湖区主要控制站发生 4 次左右洪水过程。城陵矶(七里山)站洪峰水位 34.74m,超保证水位 0.19m,排历史实测第 5 位、21 世纪第 2 位;最大入、出湖流量分别为 51500m³/s、33200m³/s。在本轮暴雨洪水过程中,洞庭湖经历几次缓退和复涨。城陵矶站自 7 月 4 日 18 时超警,先后经历 3 次复涨、2 次超保,至 9 月 1 日 18 时完全退出警戒水位,持续超警时长达 60 天,位列有实测记录以来的第 2 位,21 世纪以来的第 1 位,仅次于 1998 年的 91 天。城陵矶站 7 月 28 日 13 时达到洪峰水位 34.74m,超保证水位 0.19m,位列有实测记录以来的第 5 位、21 世纪以来的第 2 位。汛情最严重时,洞庭湖区共有 130 个堤垸、2930km 堤段水位超警戒,250km 堤段水位超保证。

c. 长江洪水异常突出,洪水在洞庭湖发生复杂组合

6 月 28 日至 9 月 1 日湖南省内最强雨洪过程期间,受暴雨中心移动、四水来水和三峡水库出库等因素的影响,洞庭湖洪水组合复杂,湖区洪水先以长江来水为主,后以沅江、澧水来水为主,最后环湖区及湘江来水增加,最终形成了洞庭湖区较大洪水。长江上游先后形成了 5 次洪峰流量为 50000m³/s 以上的编号洪水,三峡水库最大入库洪峰 75000m³/s、下泄峰值流量 49400m³/s,调洪最高水位达到 167.65m,均为建库以来最大(最高)。出库流量维持在 40000m³/s 以上天数达 22 天。一方面,长江洪水通过四口汇入洞庭湖,增加洞庭湖入湖水量,据统计,本轮过程四口入湖总水量 503.2 亿 m³,占汛期四口入湖总水量的 71%,较历年同期均值偏多 92.3%,相当于 3.5 个洞庭湖警戒水位以下的湖容。另一方面,长江洪水入湖的同时,另一部分洪水顺江而下抬高洞庭湖湖口水位,减缓了洞庭湖洪水出湖速度。此外,长江干流城陵矶以下河段同期也发生大洪水,对洞庭湖湖口形成顶托。三者叠加致使洞庭湖形成上压、下顶之势,洪水宣泄不畅,造成洞庭湖水位持续上涨、居高不下。

d. 入湖水量大,时间集中

汛期,四口四水及洞庭湖区间合计入湖水量 2378.48 亿 m³,其中四口来水总量 709.2 亿 m³,较历年同期均值偏多 63.4%,四水合计来水总量 1263.5 亿 m³,较历年同期均值偏多 8.3%。从时间上看,6—8 月洞庭湖总入湖水量 1534.2 亿 m³,占汛期的 64.5%。分流域来看,澧水、沅江、资水来水量分别较历年同期均值偏多 37.5%、32%、10.8%,湘江来水量偏少 23.9%。

(2)孕灾环境变化

1)全球气候变暖,湖区暴雨频度增多

近些年来,全球气候转暖趋势愈发显著,造成海陆水体蒸发旺盛,在一定程度上为海陆大部分地区降水量的增加提供了有利条件。洞庭湖区河流以降水补给为主,流域水量的大小与降水量的变化紧密相关,而气候变化主要以降水量为载体来体现对洞庭湖区径流量的影响。各地洪水发生的时间与气候相关,极端气候出现致使气候异常,长江上下游雨季有所重复,便会造成长江上游与洞庭湖流域洪水汇集,发生流域性大洪水。研究表明,洞庭湖区暴雨空间分布不均,中部、北部相对偏少,西南部和东北部偏多;在全球气候变暖大背景下,洞庭湖区极端降水和暴雨频次明显增加。

2)三峡水库蓄水运行后,洞庭湖调蓄能力发生变化

三峡水库是世界上规模最大的水利枢纽工程,也是自新中国成立以来建设的最大型工程项目,在防洪、发电、航运及灌溉等多方面发挥着巨大效益。三峡水库运行蓄水使洞庭湖面积及水位等水文特点出现了显著的不同。一方面,三峡水库具有特别明显的削峰和蓄洪作用,运行之后,长江中下游水情随之发生变化。尤其是汛末蓄水导致洞庭湖秋季来水显著

减少,水位也随之发生变化。此外,三峡水库蓄水以后,对上游地区的泥沙具有较大的调节作用,泥沙淤积在水库,往下清泄的水流含沙量比原来要低,进而使洞庭湖区水体含沙量降低。另一方面,三峡水库运行后,不同河流的不同河段在不同时期发生不同程度的冲刷,沿程水位也会发生不同程度升降。洞庭湖调蓄能力的变化引起三口径流量、水位的变化,使得洞庭湖的冲淤分布、洲滩出露时间、动植物生长环境等发生变化,从而影响着区域洪涝灾害防治、水资源开发利用以及湿地生态环境保护等问题。

3)荆江裁弯取直,洞庭湖泄洪能力减弱

下荆江位于长江中游,属于典型的蜿蜒性河段,其中藕池口至城陵矶段河道是最典型的曲流河段,由一系列曲率很大的急弯段和较长的微弯顺直段组成。荆江河段在人工裁弯取直后,水流变得顺畅,河床和河岸受到冲刷,干流水位下降,与此同时,裁弯使得与洞庭湖相通的松滋口、太平口和藕池口三口的分流分沙减少,因而荆江主河道的径流量相对增加,在一定程度上加大了河床受冲刷的力度。裁弯工程实施前,洞庭湖区来水主要是三口分流以及四水注入。裁弯后,三口分流量减小,注入湖区的水量与沙量减少为裁弯前的60%以上,造成洞庭湖对长江汛期削峰降洪功能下降。与此同时,三口分流分沙减少致使洞庭湖的入湖沙量减少,在一定程度上也能减轻湖内的淤积程度。除此之外,由于分流分沙的变化,藕池河急速淤积,西洞庭湖区各排水河道淤积增加,加重了洞庭湖对湖区汛期江湖洪灾的调蓄难度。

4.3.2 旱灾成因分析

洞庭湖区雨水丰沛,且汛期外河、外湖水位一般都高于垸内地面高程,可以开闸自流灌溉,但湖区内也存在不少干旱成灾的情况。

(1)旱灾现状

从整体来说,洞庭湖区"愈旱愈丰收"。但从局部来看,四口洪道地区由于藕池河流域冬春季断流,存在春旱问题;其他地区在外河水位低落年份,也可能出现春旱或秋旱。洞庭湖区亟须解决的问题是人畜饮水困难问题,由于化肥厂、造纸厂急剧增加,棉田使用有毒农药及种植经济价值高的麻类,作物布局有所调整,致使垸内、垸外水源、水质受到不同程度的污染,自然生态环境遭受严重破坏,导致春灌缺乏水源、人畜饮水困难。

(2)致旱成因分析

洞庭湖区干旱成灾受多方面因素影响,主要如下:

1)虎渡河、藕池河常断流,造成沿河两岸旱灾

由于长江水挟带泥沙严重,因此虎渡河、藕池河河床淤塞,水流不畅。虎渡河的南闸共32孔,16孔底板高程35m,16孔底板高程36.2m,河水位不超过35m时水不能过闸。藕池

河康家岗站进口处淤高达 36～37m,形成断流,最长断流期为 299 天(1976 年),占全年 81.9% 的天数发生断流。松滋口沙道观站从 1974 年开始出现断流。

2)内湖过度围垦,减少垸内调蓄水量与灌溉水源

20 世纪 50 年代初,湖区内湖面积 340 万亩,占堤垸总面积 21.9%,自 1964 年开始兴建电排工程后,大量围垦内湖,2013 年《全国第一次水利普查成果》中其总面积仅 110.39 万亩。如华容县解放初期有大小湖泊 137 个,面积 31.7 万亩,湖泊率达 16.6%,60 年代兴建电排后,大量围湖造田,导致调蓄湖泊数量、面积骤减;南县 50 年代内湖面积 18 万亩,60 年代 13 万亩,70 年代 8 万亩,现仅剩 4.8 万亩。

3)降雨时空分布不均,旱季雨量小,极易造成春旱与秋旱

洞庭湖区多年平均降水量 1324mm,是湖南省降水量较少的地区之一。华容县 1959 年年降水量 643.6mm,历史为最小。1972 年湖区连续 88 天不下雨,造成春旱与秋旱。

4)春耕季节外河水位低,涵闸不能自流引进

有的涵闸年久失修,年年淤积,需要及时疏通。堤垸老旧、农田地势较低,灌溉系统和灌溉设备不全,为保障垸内安全,即使外河水位高、有充足水源时,也不敢自流引水。

5)电灌装机不足

有些机电设备老化严重,抽水扬程与排灌面积达不到原设计标准,而外河水位偏高,无法及时排灌。

4.4　湖区水旱灾害防治现状

三峡工程建成运用后,大大改善荆江防洪形势,避免南溃对洞庭湖区的洪水威胁,有利于改善洞庭湖区的防洪形势。由于长期以来湖区泥沙淤积严重,防汛堤线长,湖区已基本构筑以城市防洪、堤垸、蓄洪垸、水库、平垸行洪退田还湖、泵站、内湖、撇洪等工程措施与非工程措施相结合的综合防灾减灾体系。

4.4.1　历史治理情况

第一阶段,1949—1985 年,洞庭湖区主要是进行堵支并垸、排涝、撇洪河配套等建设,湖区堤垸数由解放初期的 933 个减少到 226 个,一线堤防长度由 6400km 减少到 3471km,基本形成目前的防洪治涝格局。

第二阶段,1986—1996 年,洞庭湖区实施洞庭湖一期治理,总投资 11.62 亿元(包括中央资金 4.61 亿元),主要是对重点堤垸进行堤防除险加固,对蓄洪安全设施、洪道整治进行试验性建设,改善防汛通信报警设施。通过工程的实施,湖区 11 个重点垸的 1192km 防洪大堤普遍比 80 年代以前加高 1～2m,加宽 2～3m,可以基本保证在 1954 年洪水位情况下不漫

堤,24 个蓄洪垸紧急救生转移、安全建设得到加强,较大地提高了湖区堤防的抗洪能力,在洞庭湖区抗御 1995 年、1996 年、1998 年、1999 年几次特大洪水中发挥了重大作用。

第三阶段,1996—2008 年,实施了洞庭湖二期治理,并在 1998 年长江大洪水后加快了治理步伐,共安排国家投资 104.1 亿元,进行了下列工程建设:一是基本完成了二期治理 3 个单项工程,松澧垸等 11 个重点垸的防洪能力和标准基本达到 10 年一遇;二是对 142km 长江干堤,按 2 级堤防标准全面加高加固,抗洪能力基本达到 10~20 年一遇;三是基本完成澧南、围堤湖、西官等蓄洪垸移民安置,新建续建了安全台 20 处共 230 万 m^2,澧南、围堤湖、西官等 3 个蓄洪垸初步具备了主动分蓄洪的能力;四是结合堤防加固,对部分河湖进行了清淤疏浚,整治河道 380 多 km;五是实施平垸行洪、退田还湖工程,完成 333 个坝垸和堤垸的平退,搬迁 55.8 万人,高水位时,还湖面积可达到 779km²,增加行蓄洪容积 34.8 亿 m^3;六是利用外资全面启动长沙、岳阳等 21 个城市的防洪工程建设,沿湖重要城市防洪大堤达到防御 50~100 年一遇洪水的能力,高洪水位下,堤防险情数量大幅减少;七是已基本完成明山等 29 处大型排涝泵站,洞庭湖区防洪排涝能力逐步提升,极大地改善了湖区的农业生产生活条件,对提高湖区农业综合生产能力、确保国家粮食安全起到了重要作用;八是完成了株洲白石港、沱江、华容河河道整治等水利血防项目,通过水利血防专项工程和其他综合治理措施的实施,全省血吸虫病流行疫区疫情得到了有效控制,提高了周围居民生存环境质量。

第四阶段,从 2009 年开始,实施近期治理。一是实施总投资 129 亿元的洞庭湖区治理近期实施方案项目。主要包括钱粮湖等 22 个蓄洪垸及麻塘垸堤防加固、钱粮湖等 8 个蓄洪垸安全建设及部分洪道整治工程 3 类建设内容,下达计划投资 99 亿元(实际投资 72.8 亿元,中央投资 56.6 亿元,省级资金 16.2 亿元),加固堤防 1100km,正在新建 11 个安全区、2 个安全台和 3 个分洪闸。二是建设一批供水灌溉民生工程。对湖区 13 处总规模 15.2 万 kW 大型灌排泵站实施更新改造,建设了一批水利血防项目,完成了三峡工程后续规划两个内湖整治及华容城关二水厂等 9 处供水工程等项目建设,正在实施沟渠塘坝清淤增蓄专项行动,开展洞庭湖北部地区分片补水应急实施工程,极大地改善了农村生产生活条件和水生态环境。三是加快三峡工程后续长江河道崩岸整治建设。该项目属 172 项重大水利工程之一——长江中下游河势控制工程的重要组成部分,整治岸线 66.3km,目前已基本完成。四是正在推进重大项目前期论证(包括重点垸堤防加固一期工程和四口水系综合整治工程)。

4.4.2　工程措施

(1)城市防洪

城市防洪标准执行国家统一制定的《防洪标准》(GB 50201—2014),根据城市社会经济的重要性或非农业人口的数量分为 4 个等级。防洪标准等级见表 4.4-1。

表 4.4-1　　　　　　　　　　　　　　防洪标准等级

划分项目		Ⅰ	Ⅱ	Ⅲ	Ⅳ
城市	社会经济重要性	特别重要	重要	比较重要	一般
	常住人口（万人）	≥150	≥50～<150	≥20～<50	<20
	防洪标准/重现期（年）	≥200	200～100	100～50	50～20
乡村	人口（万人）	≥150	≥50～<150	≥20～<50	<20
	耕地面积（万亩）	≥300	≥100～<300	≥30～<100	<30
	防洪标准/重现期（年）	100～50	50～30	30～20	20～10

根据《长江流域防洪规划》，洞庭湖区总体的洪水防御对象为 1954 年洪水，在发生 1954 年洪水时，保证重点保护地区的防洪安全。湘江、资水、沅江、澧水尾闾近期总体防洪标准为 20 年一遇，其中地级城市防洪标准为 50 年一遇，县级城市防洪标准为 20 年一遇。长沙、株洲、湘潭城市群以及岳阳的城市防洪标准根据经济社会发展水平可适当提高，其中长沙市、岳阳市中心城区防洪标准为 200 年一遇，湘潭市、株洲市主城区防洪标准为 100 年一遇。

湖南省洞庭湖区城市防洪设计标准与设计水位情况见表 4.4-2。

表 4.4-2　　　　　　　湖南省洞庭湖区城市防洪设计标准与设计水位情况

序号	河名	县市区名	地面高程（m）	设计标准			堤顶高程（m）	1951—2020 年		冻结高程改 85 黄海高程（m）
				站名或地点	重现期（年）	洪水位（m）		最高洪水位（m）	最高洪水位出现时间（年-月-日）	
1	湘江尾闾	渌口区	—	关口	20	43.90	45.40	—	—	—
2		株洲市	—	株洲水文站	100	44.20	45.70	42.68	1994-6-18	−1.90
3		湘潭县	—	渭河口	20	40.69	42.19	—	—	—
4		湘潭市	—	湘潭水文站	100	41.22	42.72	39.76	1994-6-18	−2.19
5		长沙市	35～37	长沙水位（三）站	200	38.39	40.40	37.32	2017-7-3	−2.19
6		长沙县	30～37	筒灰水尺	20	37.29	39.00	—	—	—
7		望城区	30～35	望城码头	20	34.98	36.51	—	2017-7-3	−2.26
8	沩水	宁乡市	46～47	沩丰坝上 300m	20	49.38	50.88	—	—	—
9	资水尾闾	桃江县	38～39	桃江水文站	20	42.46	44.46	42.19	1996-7-17	−2.25
10		益阳市	30～32	益阳水位站	100	40.08	41.58	37.44	1996-7-21	−2.04
11	沅江尾闾	桃源县	36	桃源水文站	20	42.47	44.52	45.48	2014-7-17	−1.89
12		常德市	30～32	常德水位站	100	41.98	44.07	40.67	1996-7-19	−1.82

序号	河名	县市区名	地面高程（m）	设计标准			堤顶高程（m）	1951—2020年		冻结高程改85黄海高程（m）
				站名或地点	重现期（年）	洪水位（m）		最高洪水位（m）	最高洪水位出现时间（年-月-日）	
13	澧水尾闾	澧县	34～39	兰江闸水尺	20	44.39	46.40	45.08	1998-7-24	−2.06
14		津市	32～34	津市水文站	20	41.80	43.28	42.93	2003-7-10	−2.09
15		临澧县	—	—	—	—	—	—	—	—
16	汨罗江	汨罗市	31～36	南渡大桥	20	34.84	36.34			
17	新墙河	岳阳县	27	大毛家湖	20	33.24	35.24			
18	四口河道	安乡县	26.7	安乡水文站	20	38.31	39.81	38.25	1998-7-24	−2.19
19		南县	28～29	石矶头水尺	20	35.29	36.79	35.82	1998-8-19	−1.96
20		华容县	27.5	桩号74+000处	20	34.35	35.85	34.16	1996-7-22	−1.98
21	洞庭湖	湘阴县	30	湘阴水位站	20	33.68	35.98	34.67	1996-7-21	−1.99
22		汉寿县	28～30	周文庙水位站	20	35.82	37.09	37.09	1996-7-20	−1.69
23		沅江市	24～31	沅江水位站	20	34.29	37.29	35.14	1996-7-21	−1.95
24		岳阳市	28～30	岳阳水位站	100	33.04	35.54	34.11	1998-8-20	−1.94
25	黄盖湖	临湘市	28	新水坝前	20	39.92	41.42	—	—	—

注：1. 高程系统采用85黄海高程。

2."—"表示未知或未测。

（2）堤垸防洪

堤垸是洞庭湖区防御洪水的基础,洞庭湖区现有千亩以上堤垸226个。其中,防洪保护区堤垸155个,包括重点垸11个、一般垸144个;蓄滞洪区堤垸71个,包括国家级蓄洪垸24个、平垸行洪单退垸47个。洞庭湖区共计总堤长3834km,一线防洪大堤3471km,保护面积1861万亩,保护耕地952万亩,保护人口1419万人。湖南省洞庭湖区堤垸统计汇总见表4.4-3。

表 4.4-3   湖南省洞庭湖区堤垸统计汇总

范围	类型	堤垸(个)	堤防长度(km)	保护面积(万亩)	垸内耕地(万亩)	人口(万人)
基本按照四水控制站	重点垸	11	1221.24	989.52	534.44	563.16
	蓄洪垸	24	1174.23	455.04	231.83	174.33
	一般垸	144	1255.83	384.38	166.65	674.45
	单退垸	47	183.12	32.33	19.06	6.83
三站一枢纽	重点垸	11	1221.24	989.52	534.44	563.16
	蓄洪垸	24	1174.23	455.04	231.83	174.33
	一般垸	58	636.15	215.94	115.22	240.20
	单退垸	45	174.39	31.78	18.84	6.71

注:资料来自湖南省洞庭湖水利事务中心。

1)重点垸

洞庭湖区的 11 个重点垸,也就是 11 个防护大圈,一般都由几个大小堤垸合并而成,除 4 个重点垸未跨县以外,其他都跨县,有 3 个垸还跨地级市。洞庭湖区 11 个重点垸基本情况及重点垸控制站特征水位分别见表 4.4-4 和表 4.4-5。

2)蓄洪垸(蓄滞洪区)

蓄洪垸的建设重点是垸内蓄洪安全建设、堤防及分洪口门建设等工程,即包括防洪工程和蓄洪工程两部分。防洪工程要求能防御一般洪水,在出现超额洪水时,需要有计划地、人为地分别破堤分洪,因此,要求做到蓄洪时保安全,不蓄洪时保丰收。洞庭湖区的 24 个蓄洪垸有 5 个跨县,1 个跨地级市。洞庭湖区 24 个蓄洪垸基本情况及蓄洪垸控制站特征水位分别见表 4.4-6 和表 4.4-7。

3)平垸行洪单退垸

单退垸属于特殊一般垸,除重点垸、蓄洪垸以外的堤垸,均归入一般垸,一般垸与重点垸和蓄洪垸的区别在于一般垸未列入国家基建项目。一般垸中有的已进入城市防洪范围。洞庭湖区单退垸基本情况见表 4.4-8。

4)一般垸

一般垸的规模绝大部分都较小,其抗洪能力因垸而异,一部分已进入城市防洪范围,其抗洪能力较强,大部分因无投入来源,抗洪能力较弱。洞庭湖区千亩以上一般垸基本情况及主要万亩以上一般垸控制站特征水位分别见表 4.4-9 和表 4.4-10。

洞庭湖区水利工程见图 4.4-1。

表4.4-4　　洞庭湖区11个重点垸基本情况

序号	堤垸	市	县(市、区)	一线堤堤长度(km)			保护面积(万亩)	保护人口(万人)	保护耕地(万亩)	备注
				总长	直接挡外河洪水堤防长度	相邻堤垸分洪或溃决时挡水堤防长度				
1	松澧	常德市	3县(市)	88.773	78.770	10.003	117.789	73.23	58.10	九垸隔堤总长8.07km，杨家挡隔堤1.933km
1.1	新合垸	常德市	临澧县	12.195	12.195	—	13.860	8.62	11.26	
1.2	澧县部分	常德市	澧县	72.128	62.125	10.003	97.973	60.91	44.06	含澧阳、澧松等
1.3	津市部分	常德市	津市市	4.450	4.450	—	5.956	3.70	2.78	含容澧衣场
2	安保	常德市	安乡县	99.983	99.983	—	57.150	17.51	29.67	
3	安造	常德市	安乡县	81.478	79.178	2.300	36.280	19.78	19.43	湖北省黄金垸和安造垸接壤的北隔堤长2.3km
4	沅澧	常德市	5县(区)	167.341	167.341	—	207.950	129.20	114.43	
4.1	西毛里湖垸	常德市	津市市	10.050	10.050	—	30.700	15.47	16.89	含民主阴城、八官、贺家山等
4.2	鼎城部分	常德市	鼎城区	50.449	50.449	—	87.570	44.14	48.19	含西湖垸、西湖管理区
4.3	汉寿部分	常德市	汉寿县	60.290	60.290	—	66.320	32.33	36.50	含护坡丹洲、芦山等
4.4	武陵部分	常德市	武陵区	46.552	46.552	—	23.360	37.26	12.85	
5	沅南	常德市	2县(区)	65.116	55.605	9.511	84.670	38.20	43.00	与围堤湖隔堤9.511km
5.1	沅南垸	常德市	汉寿县	52.650	43.139	9.511	74.630	33.67	37.90	
5.2	三合垸	常德市	经开区	12.466	12.466	—	10.040	4.53	5.10	
6	长春	—	—	77.990	77.990	—	57.860	45.34	28.48	
6.1	烟包山垸	常德市	汉寿县	0.500	0.500	—	2.900	0.90	0.62	
6.2	沅江部分	益阳市	沅江市	31.395	31.395	—	25.990	20.37	12.79	

续表

序号	堤垸	市	县(市、区)	一线堤防长度(km)			保护面积(万亩)	保护人口(万人)	保护耕地(万亩)	备注
				总长	直接挡外河洪水堤防长度	相邻堤垸分洪或溃决时挡水堤防长度				
6.3	资阳部分	益阳市	资阳区	46.095	46.095	—	28.970	24.07	15.07	
7	大通湖	—	—	186.684	159.434	27.250	169.030	61.99	91.84	与大通湖东垸隔堤27.25km
7.1	南县部分	益阳市	南县	75.873	60.751	15.102	39.710	17.22	20.93	
7.2	沅江部分	益阳市	沅江市	88.329	88.329	—	72.020	35.20	47.05	
7.3	大通湖部分	益阳市	大通湖区	22.500	10.352	12.148	57.300	9.57	23.86	
8	育乐	—	—	127.156	127.156	—	55.500	33.07	28.44	
8.1	育乐垸	益阳市	南县	105.606	105.606	—	49.910	31.08	24.80	
8.2	永固垸	岳阳市	华容县	21.550	21.550	—	5.590	1.99	3.64	
9	烂泥湖	—	—	132.310	132.310	—	127.410	76.09	72.07	含湘资、岭北、沙田等
9.1	赫山部分	益阳市	赫山区	28.874	28.874	—	67.450	40.88	36.60	
9.2	湘阴部分	岳阳市	湘阴县	59.563	59.563	—	31.690	16.97	20.07	
9.3	大众垸	长沙市	望城区	29.483	29.483	—	20.770	9.60	10.50	
9.4	新民垸	长沙市	宁乡市	14.390	14.390	—	7.500	8.64	4.90	
10	湘滨南湖	岳阳市	湘阴县	83.845	83.845	—	30.570	28.85	19.36	与线粮湖垸隔堤6.974km，与湖北隔堤20.677km
11	华容护城	岳阳市	华容县	89.790	82.816	6.974	54.750	37.80	39.40	

注：1. 资料来自湖南省洞庭湖水利事务中心。

2. "—"表示未知或未测。

表 4.4-5

洞庭湖区 11 个重点垸控制站特征水位

垸名	河名	站名	规划设计		1951—2020 年		警戒水位(m)	堤顶高程(m)	冻结高程改正高程(m)		
			洪水位(m)	规划设计时间(年-月-日)	最高洪水位(m)	最高洪水位出现时间(年-月-日)			吴淞高程	56 黄海高程	85 黄海高程
A1 松澧	澧水尾闾	向阳闸	50.10	1991-7-6	51.26	1998-7-23	48.5	53.45	+0.10	−1.71	−1.62
		兰江闸	46.10	1991-7-7	47.14	1998-7-23	44.0	48.70	−0.34	−2.15	−2.06
	七里湖	津市水文站	44.01	1991-7-7	45.02	2003-7-10	41.0	46.50	−0.31	−2.18	−2.16
		小渡口	43.93	1991-7-7	44.77	1998-7-24	41.0	46.30	−0.31	−2.18	−2.09
	松滋西支	瓦窑河水位站	41.59	1991-7-7	42.67	1998-7-24	39.5	43.90	−0.18	−2.07	−1.98
	松滋东支	大湖口水文站	40.32	1983-7-8	41.35	1998-7-24	38.0	42.30	−0.39	−2.29	−2.20
A2 安造	松滋中支	安乡水文站	39.38	1983-7-8	40.44	1998-7-24	37.5	41.70	−0.46	−2.28	−2.19
		董家垱	39.36	1983-7-8	40.47	1998-7-24	38.0	41.90	−0.34	−2.15	−2.06
	虎渡河	黄山头水文站	40.18	1954-8-7	41.22	1998-7-25	38.5	42.20	−0.38	−2.19	−2.10
		安乡水文站	39.38	1983-7-8	40.44	1998-7-24	37.5	41.70	−0.46	−2.28	−2.19
A3 安保	松滋中支	武圣宫	37.45	1983-7-9	39.00	1998-7-25	35.6	39.80	−0.36	−2.17	−2.08
		肖家湾水位站	36.58	1983-7-9	38.20	1998-7-25	35.0	39.40	−0.00	−1.80	−1.71
	澧水洪道	沙河口	38.30	1991-7-7	39.46	1998-7-24	37.5	40.87	+0.03	−1.78	−1.69
	七里湖	石龟山水文站	40.82	1991-7-7	41.89	1998-7-24	38.5	43.60	−0.28	−2.13	−2.04
	松滋西支	汇口巡测站	40.88	1991-7-7	41.94	1998-7-24	—	—	−0.23	−2.16	−2.07
A4 沅澧	沅江尾闾	河洑闸	42.56	1969-7-17	44.65	1996-7-19	41.0	47.00	−0.29	−2.10	−2.01
		常德水位站	40.68	1969-7-17	42.49	1996-7-19	39.0	45.35	−0.09	−1.91	−1.82
		牛鼻滩水位站	38.63	1991-7-13	40.57	1996-7-19	37.0	42.00	−0.25	−2.06	−1.97
	沅江洪道	周文庙水位站	37.06	1991-7-14	38.78	1996-7-20	35.5	40.50	0.00	−1.78	−1.69
		坡头	36.85	1991-7-14	38.43	1996-7-20	35.5	40.20	0.00	−1.81	−1.72

续表

垸名	河名	站名	规划设计		1951—2020年		警戒水位(m)	堤顶高程(m)	冻结高程改正以下高程(m)		
			洪水位(m)	规划设计时间(年-月-日)	最高洪水位(m)	最高洪水位出现时间(年-月-日)			吴淞高程	56黄海高程	85黄海高程
A4 沅澧	目平湖	赵家河	36.46	1954-7	38.08	1996-7-21	35.5	40.00	−0.16	−1.97	−1.88
	澧水洪道	三角堤	36.73	1983-7-9	38.61	1996-7-21	36.0	40.00	−0.37	−2.18	−2.09
	七里湖	蒿子港	39.00	1991-7-7	39.46	1998-7-24	37.6	40.92	+0.03	−1.78	−1.69
		石龟山水文站	40.82	1991-7-7	41.89	1998-7-24	38.5	43.60	−0.28	−2.13	−2.10
	沅江洪道	牛鼻滩水位站	38.63	1991-7-13	40.57	1996-7-19	37.0	42.00	−0.25	−2.06	−1.97
		车脑	38.50	1991-7-13	40.38	1996-7-19	37.0	41.67	−0.29	−2.10	−2.01
		周文庙水位站	37.06	1991-7-14	38.78	1996-7-20	35.5	40.50	0.00	−1.78	−1.69
A5 沅南	目平湖	蒋家咀	36.20	1954-7-31	37.85	1996-7-21	35.0	39.50	+0.03	−1.78	−1.69
	藕池东支	梅田湖	38.04	1954-8-8	38.85	1998-8-19	36.5	40.43	−0.29	−2.10	−2.01
	沱江	石矶头	36.69	1980-8-30	37.78	1998-8-19	35.5	39.01	−0.24	−2.05	−1.96
A6 育乐	藕池中支	三岔河水文站	36.05	1983-7-9	—	1998-8-19	34.8	38.40	0.00	−1.81	−1.72
		杨洞庙	37.12	1954-8-8	37.84	1998-8-19	36.0	38.50	−0.04	−1.85	−1.76
	藕池东支	文家铺	36.23	1954-8-8	37.44	1998-8-19	35.0	38.63	−0.19	−2.00	−1.91
		罗文誉水文站	36.50	1954-8-8	37.73	1998-8-19	35.5	39.00	−0.24	−2.03	−1.94
	沱江	八百弓	35.81	1954-8-8	37.66	1996-7-21	35.0	38.40	−0.14	−1.95	−1.86
A7 大通湖	草尾河	草尾水文站	35.62	1954-8-3	37.37	1996-7-21	34.5	38.50	0.00	−1.81	−1.72
		黄茅洲	35.35	1954-8-3	36.74	1996-7-22	34.0	38.30	−0.02	−1.83	−1.74
		泗湖山	35.21	1954-8-3	36.42	1996-7-22	33.5	37.00	−0.09	−1.90	−1.81
	东洞庭湖	大东口闸	35.09	1954-8-3	36.13	1998-8-20	33.5	37.50	−0.27	−2.08	−1.99

续表

垸名	河名	站名	规划设计 洪水位(m)	规划设计时间 (年-月-日)	1951—2020年 最高洪水位(m)	最高洪水位出现时间 (年-月-日)	警戒水位(m)	堤顶高程(m)	冻结高程改以下高程(m) 吴淞高程	56黄海高程	85黄海高程
A8 长春	资水尾闾	新桥河	41.97	1955-8-27	42.24	1996-7-17	38.0	43.15	-0.66	-2.47	-2.38
		接城堤	39.45	1955-8-27	40.47	1996-7-17	37.0	41.04	-0.61	-2.42	-2.33
		益阳水位站	38.32	1955-8-27	39.48	1996-7-21	36.5	40.00	-0.32	-2.13	-2.18
	甘溪港河	窑山口	37.05	1988-9-10	38.63	1996-7-21	35.0	39.30	-0.40	-2.21	-2.12
		下星港	35.37	1954-6-29	37.22	1996-7-21	34.5	38.50	+0.08	-1.73	-1.64
	南洞庭湖	沅江水位站	35.28	1979-6-27	37.09	1996-7-21	33.5	39.00	-0.27	-2.04	-1.95
		小河嘴水文站	35.72	1954-8-1	37.57	1996-7-21	34.0	39.50	-0.14	-1.96	-1.87
	目平湖	烟包山	35.98	1954-8-1	37.77	1996-7-21	35.5	39.50	+0.03	-1.78	-1.69
A9 湘滨南湖	毛角口河	东河坝	35.68	1954-8-3	37.46	1996-7-21	34.0	37.50	-0.74	-2.55	-2.46
		临资口	35.43	1954-8-3	36.91	1996-7-21	34.0	37.50	-0.52	-2.37	-2.28
	南洞庭湖	杨柳潭水位站	35.10	1979-6-27	36.75	1996-7-21	34.0	37.00	-0.18	-1.99	-1.90
	毛角口河	杨堤水文站	35.30	1954-6-29	37.63	1996-7-21	34.5	37.50	0.00	-1.81	-1.72
A10 烂泥湖	屈湖口河	沙头水文站	36.57	1988-9-10	38.15	1996-7-21	35.5	38.20	-0.27	-2.08	-1.99
	毛角口河	杨堤水文站	35.30	1954-6-29	37.63	1996-7-21	34.5	37.50	0.00	-1.81	-1.72
		临资口	35.43	1954-8-3	36.91	1996-7-21	34.0	37.5	-0.52	-2.37	-2.28
	湘江尾闾	靖港	36.48	1982-6-19	35.59	2017-7-3	34.5	38.50	-0.59	-2.41	-2.32
	沩水	双江口船闸	38.70	1969-8-10	—	—	—	—	-0.79	-2.61	-2.52

续表

院名	河名	站名	规划设计		1951—2020年		警戒水位（m）	堤顶高程（m）	冻结高程改正高程以下高程（m）		
			洪水位（m）	规划设计计时间（年-月-日）	最高洪水位（m）	最高洪水位出现时间（年-月-日）			吴淞高程	56黄海高程	85黄海高程
A11 华容护城	鲇鱼须河	宋市	37.58	1954-8-8	38.26	1998-8-19	36.5	39.90	−0.09	−1.90	−1.81
	藕池东支	北景港	36.35	1954-8-8	37.68	1998-8-20	35.5	39.00	−0.24	−2.03	−1.94
	燕子窝	燕子窝	35.80	1954-8-8	36.93	1998-8-20	34.5	38.10	−0.35	−2.16	−2.07
	华谷河	华容大桥	35.89	1954-8-4	36.10	1998.8	33.5	38.80	−0.26	−2.07	−1.98

注：1. 清港 2017 年最高水位是清港（三）站水位，与 85 黄海的换算关系为 +0.02m。

2. "—"表示未知或未测。

表 4.4-6　洞庭湖区 24 个蓄洪垸基本情况

序号	所在堤垸	所属地市	所属县（市、区）	一线堤防长度（km）			保护面积（万亩）	保护人口（万人）	蓄洪垸运用预案保护人口（万人）	安全人口（万人）	保护耕地（万亩）	蓄洪容积（亿m³）	备注
				总长	直接挡外河洪水堤防长度	当相邻堤垸分时挡洪水堤防长度							
1	钱粮湖	—	—	146.387	146.387	0.000	68.11	22.73	28.21	0.28	40.26	22.20	
1.1	君山部分	岳阳市	君山区	65.176	65.176	0.000	32.55	10.63	10.13	—	16.33	11.19	包含钱北、钱南，小团洲等；层山安全区堤防 12.394km（含 1999 年建设但未达标的 2.526km）

续表

序号	所在堤垸	所属地市	所属县(市、区)	一线堤防长度(km)			蓄洪垸						备注
				总长	直接挡外河洪水堤防长度	当相邻堤垸分洪时挡水堤防长度	保护面积(万亩)	保护人口(万人)	运用预案保护人口(万人)	安全人口(万人)	保护耕地(万亩)	蓄洪容积(亿m³)	
1.2	华容部分	岳阳市	华容县	81.211	81.211	0.000	35.56	12.10	18.08	—	23.93	11.01	包含新太、新华、新生、团洲
2	共双茶	益阳市	沅江市	121.740	121.740	0.000	43.95	16.45	16.86	0.64	23.64	18.51	安全区初设16.741km
3	大通湖东	—	—	43.357	43.357	0.000	33.08	14.13	13.87	0.51	15.23	11.42	
3.1	华容部分	岳阳市	华容县	32.051	32.051	0.000	18.53	8.12	7.97	—	8.29	6.80	包含新洲、幸福、隆西等·安全区初设11.049km
3.2	同兴垸	益阳市	南县	11.306	11.306	0.000	14.55	6.01	5.90	—	6.94	4.40	
4	民主	—	—	81.230	81.230	0.000	36.79	12.52	12.62	1.84	17.50	11.21	
4.1	资阳民主	益阳市	资阳区	72.045	72.045	0.000	35.74	12.16	12.24	—	17.04	11.04	
4.2	保民垸	益阳市	沅江市	9.185	9.185	0.000	1.05	0.36	0.38	—	0.46	0.38	
5	澧南	常德市	澧县	24.198	24.198	0.000	5.15	2.90	2.67	2.90	2.33	2.00	
6	西官	常德市	澧县	59.000	59.000	0.000	10.44	1.80	1.90	1.80	5.50	4.44	
7	围堤湖	常德市	汉寿县	15.130	15.130	0.000	5.50	2.80	1.56	2.80	2.80	2.37	
8	城西	岳阳市	湘阴县	51.757	51.757	0.000	15.90	7.04	7.40	0.32	8.83	7.61	—
9	建设	岳阳市	君山区	18.288	18.288	0.000	15.69	8.99	6.37	—	8.70	4.94	
10	九垸	常德市	澧县	24.500	24.500	0.000	8.05	2.06	1.83	—	2.42	3.79	蓄洪垸运用预案保护面积6.74万亩

续表

序号	所在堤垸	所属地市	所属县(市、区)	一线堤防长度(km)			保护面积(万亩)	保护人口(万人)	蓄洪垸运用预案人口(万人)	安全人口(万人)	保护耕地(万亩)	蓄洪容积(亿 m³)	备注
				总长	直接挡外河洪水堤防长度	当相邻堤垸分洪时挡洪水堤防长度							
11	屈原	—	—	44.840	44.840	0.000	35.86	15.53	13.78	—	25.07	11.96	与汨罗市之间的 3.87km 城市防洪隔堤未修,蓄洪时依靠京广铁路路堤挡水
11.1	屈原部分	岳阳市	屈原区	38.180	38.180	0.000	20.70	9.96	8.84	—	16.89	9.73	
11.2	湘阴部分	岳阳市	湘阴县	5.160	5.160	0.000	10.13	3.14	2.78	—	4.99	1.05	
11.3	汨罗部分	岳阳市	汨罗市	1.500	1.500	0.000	5.03	2.43	2.16	—	3.19	1.18	
12	江南陆城	—	—	47.062	47.062	0.000	34.83	10.99	10.63	—	11.85	10.41	保护面积采用蓄洪垸运用预案数据
12.1	江南垸	岳阳市	临湘市	31.964	31.964	0.000	25.05	6.01	5.81	—	6.68	5.94	
12.2	陆城垸	岳阳市	云溪区	15.098	15.098	0.000	9.78	4.98	4.82	—	5.17	4.47	
13	建新	岳阳市	君山区	34.664	18.834	15.830	7.54	1.01	1.03	—	3.59	1.96	与钱粮湖垸隔堤长 3.08km;与建设垸隔堤长 12.75km。初设报告与君山垸隔堤总长 37.461km 包括丁与君山垸隔堤,本次将该段隔堤计入君山垸。长江干堤 2.96km,洞庭湖堤 15.871km
14	安澧	常德市	安乡县	69.655	69.655	0.000	22.93	6.21	6.16	—	11.68	9.20	

续表

序号	所在堤垸	所属地市	所属县(市、区)	一线堤防长度(km)			保护面积(万亩)	保护人口(万人)	蓄洪垸运用预案保护人口(万人)	安全人口(万人)	保护耕地(万亩)	蓄洪容积(亿m³)	备注
				总长	直接挡外河洪水堤防长度	当相邻堤垸分洪时挡水堤防长度							
15	安昌	常德市	安乡县	84.247	84.247	0.000	19.83	5.65	5.24	—	10.48	7.10	与利康垸隔堤6.916km未计入
16	安化	常德市	安乡县	42.487	42.487	0.000	14.06	4.36	4.42	—	7.55	4.50	栗林河堤长18.4km未计入,与南安隔堤5.95km未计入
17	南汉	益阳市	南县	67.360	67.360	0.000	14.57	6.71	6.85	—	7.80	5.66	
18	利康	益阳市	南县	46.403	46.403	0.000	14.52	5.66	5.50	—	7.79	6.20	
19	集成安合	岳阳市	华容县	54.275	54.275	0.000	18.50	7.55	7.15	—	8.87	6.83	
20	南顶	益阳市	南县	40.238	40.238	0.000	6.98	2.61	2.49	—	3.46	2.57	
21	君山	岳阳市	君山区	37.978	35.442	2.536	13.71	7.28	6.59	—	7.73	4.80	与建新垸隔堤2.536km
22	义合金鸡	岳阳市	湘阴县	9.930	9.930	0.000	2.98	1.65	1.62	—	1.48	1.21	
23	北湖	岳阳市	湘阴县	10.800	10.800	0.000	7.25	2.69	3.51	—	2.93	2.59	
24	六角山	常德市	汉寿县	2.838	2.838	0.000	4.46	2.03	1.94	—	1.09	0.55	

注:1. 资料来自湖南省洞庭湖水利事务中心。

2. "—"表示未知或未测。

表 4.4-7　洞庭湖区 24 个蓄洪垸控制站特征水位

垸名	河名	站名	规划设计		1951—2020 年		警戒水位 (m)	堤顶高程 (m)	冻结高程改以下高程 (m)		
			洪水位 (m)	规划设计时间 (年-月-日)	最高洪水位 (m)	最高洪水位出现时间 (年-月-日)			吴淞	56 黄海	85 黄河
B1	澧水尾闾	兰江闸	46.10	1991-7-7	47.14	1998-7-23	44.0	48.70	-0.34	-2.15	-2.06
澧南	道水	陈家河	45.15	1991-7-7	46.80	1998-7-23	42.0	45.80	-0.26	-2.07	-1.98
B2	七里湖	甘家湾	42.95	1991-7-7	43.65	1998-7-24	40.0	45.15	—	—	—
九垸	松滋西支	官垸水文站	41.87	1991-7-7	43.00	1998-7-24	39.5	43.00	-0.53	-2.41	-2.32
B3	松滋西支	官垸码头	41.70	1991-7-7	42.78	1998-7-24	39.5	43.00	-0.40	-2.21	-2.12
西官	松滋中支	自治局水文站	40.34	1991-7-7	41.38	1998-7-24	38.5	42.25	-0.20	-2.07	-1.98
B4	松滋东支	大湖口水文站	40.32	1991-7-8	41.35	1998-7-24	38.0	42.30	-0.39	-2.29	-2.20
安澧	松滋中支	自治局水文站	40.34	1991-7-7	41.38	1998-7-24	38.5	42.25	-0.20	-2.07	-1.98
B5	虎渡河	唐家铺	38.68	1983-7-8	39.75	1996-7-21	37.0	40.30	-0.63	-2.44	-2.35
安昌	藕池西支	官垱	38.84	1954-8-5	39.67	1998-8-19	38.0	41.30	-0.45	-2.26	-2.17
B6	松滋中支	武圣宫	37.45	1983-7-9	39.00	1998-7-25	35.6	39.80	-0.36	-2.17	-2.08
南汉	藕池中支	三岔河水文站	36.05	1983-7-9	—	—	34.8	38.40	0.00	-1.81	-1.72
B7 围堤湖	沅江洪道	龙打吉	37.90	1991-7-13	39.60	1996-7-19	36.8	40.60	-0.03	-1.84	-1.75
B8 六角山	目平湖	六角山水闸	36.22	1991-7-14	37.85	1996-7-19	35.5	39.30	-0.01	-1.82	-1.73
B9 安化	藕池西支	官垱	38.84	1954-8-5	39.67	1998-8-19	38.0	41.30	-0.45	-2.26	-2.17
B10	藕池中支	杨涧庙	37.12	1954-8-8	37.84	1998-8-19	36.0	38.50	-0.04	-1.85	-1.76
和康	藕池西支	麻河口	37.28	1954-8-10	37.94	1998-8-19	36.0	38.80	-0.20	-2.01	-1.92
B11 南顶	藕池中支	哑吧渡	37.38	1954-8-8	37.97	1999-7-22	36.5	39.00	+0.02	-1.79	-1.70
B12	南洞庭湖	东南湖水位站	35.37	1954-8-3	—	—	33.50	37.30	-0.51	-2.32	-2.23
共双茶	草尾河	泗湖山	35.21	1954-8-3	36.42	1996-7-22	33.50	37.00	-0.09	-1.90	-1.81

续表

垸名	河名	站名	规划设计		1951—2020年		警戒水位 (m)	堤顶高程 (m)	冻结高程改以下高程 (m)		
			洪水位 (m)	规划设计时间 (年-月-日)	最高洪水位 (m)	最高洪水位出现时间 (年-月-日)			吴淞	56黄海	85黄河
B13	甘溪港河	下星港	35.37	1954-6-29	37.22	1996-7-21	34.5	38.50	+0.08	-1.73	-1.64
民主	北湖口河	沙头	36.57	1988-9-10	38.15	1996-7-21	35.5	38.20	-0.27	-2.08	-1.99
B14 义合	湘江东支	濠河口	35.41	1954-8-3	37.01	2017-7-3	34.5	37.50	-0.13	-1.95	-1.86
B15 城西	湘江西支	临资口	35.43	1954-8-3	36.91	1996-7-21	34.0	37.50	-0.52	-2.37	-2.28
B16 北湖	湘江东支	许家台	35.11	1954-8-.3	36.37	1996-7-21	34.0	37.50	—	—	—
B17	南洞庭湖	营田水位站	35.05	1954-8-3	36.54	1996-7-22	34.0	—	-0.22	-2.04	-1.95
屈原	汨罗江	三星渡	35.72	1983-7-9	36.25	1996-7-22	34.5	38.00	-0.11	-1.93	-1.84
B18	藕池东支	梅田湖	38.04	1954-8-8	38.85	1998-8-19	36.5	40.43	-0.29	-2.10	-2.01
集成安合	鲇鱼须河	茅市	37.58	1954-8-8	38.26	1998-8-19	36.5	39.90	-0.09	-1.90	-1.81
B19	藕池东支	注滋口(2)	34.95	1954-8-4	36.41	1998-8-20	34.0	37.00	0.00	-1.80	-1.71
钱粮湖	东洞庭湖	六门闸	34.75	1954-8-3	36.21	1998-8-20	33.5	37.00	+0.03	-1.78	-1.69
B20 大通湖东	藕池东支	注滋口(二)	34.95	1954-8-4	36.41	1998-8-20	34.0	37.00	0.00	-1.80	-1.71
B21 建设	长江	临江闸	35.60	—	37.09	1998-8-20	34.0	39.00	+0.12	-1.69	-1.60
B22 建新	东洞庭湖	新港子	34.82	1954	36.32	1998-8-20	33.0	36.50	-0.07	-1.88	-1.79
B23 君山	长江	北闸	35.45	—	36.67	1998-8-20	33.0	38.50	-0.10	-1.91	-1.82
	东洞庭湖	南闸	34.82	1954	36.18	1998-8-20	33.0	37.00	-0.08	-1.89	-1.80
B24	长江	螺山水文站	34.01	—	34.95	1998-8-20	31.5	—	-0.19	-2.03	-1.99
江南陆城	长江	铁山咀	33.23	—	34.09	1998-8-20	31.0	—	-0.15	-1.97	-1.88

注:"—"表示未知或未测。

表4.4-8

洞庭湖区单退垸基本情况

序号	堤垸名	所在市	所在县(市、区)	所在河流	堤防长度(km)	堤防等级	保护面积(万亩)	垸内耕地(万亩)	蓄洪量(亿 m³)	人口(万人)	备注
1	新安垸	益阳市	赫山区	志溪河	1.000	5	0.33	0.20	—	1.800	
2	翻身外垸	长沙市	望城区	湘江	2.980	5	0.35	0.20	0.15	0.030	长沙综合枢纽以上
3	仰天湖	湘潭市	岳塘区	湘江	5.750	5	0.20	0.02	0.02	0.100	长沙综合枢纽以上
4	洋沙湖垸	岳阳市	湘阴县	湘江	1.450	5	2.18	1.58	0.85	1.670	
5	石牛垸	岳阳市	湘阴县	白水江	4.170	5	0.62	0.52	0.27	0.570	
6	幸福垸	岳阳市	汨罗市	汨罗江	2.090	5	0.12	0.07	0.05	0.010	
7	松柏垸	岳阳市	汨罗市	汨罗江	9.830	5	0.85	0.85	0.31	0.010	
8	樟树港垸	岳阳市	湘阴县	湘江	2.020	5	0.18	0.08	0.03	0.010	
9	新洲下垸	常德市	澧县、津市	澧水	8.860	5	2.89	1.10	0.15	—	
10	大毛家湖垸	岳阳市	岳阳县	新墙河	4.010	5	1.14	0.71	0.49	0.060	
11	六合垸	岳阳市	岳阳县	新墙河	6.520	5	1.10	0.80	0.40	0.020	
12	燎原垸	岳阳市	岳阳县	新墙河	3.290	5	0.45	0.35	0.18	0.080	
13	五星垸	岳阳市	岳阳县	新墙河	4.360	5	0.20	0.20	0.07	—	
14	杨柳垸	岳阳市	岳阳县	新墙河	6.540	5	0.37	0.37	0.14	—	
15	古港垸	岳阳市	岳阳县	新墙河	2.260	5	0.22	0.15	0.09	0.020	
16	新河垸	岳阳市	岳阳县	新墙河	1.360	5	0.15	0.14	0.06	0.080	
17	四新垸	岳阳市	岳阳县	新墙河	1.640	5	0.21	0.21	0.08	—	
18	万福垸	岳阳市	岳阳县	新墙河	4.760	5	0.21	0.08	0.09	0.010	
19	万石湖垸	岳阳市	岳阳县	东洞庭湖	0.537	5	1.07	1.11	0.47	—	

续表

序号	堤垸名	所在市	所在县(市、区)	所在河流	堤防长度(km)	堤防等级	保护面积(万亩)	垸内耕地(万亩)	蓄洪量(亿m³)	人口(万人)	备注
20	七星垸	岳阳市	岳阳县	新墙河	3.450	5	0.51	0.37	0.19	—	
21	双河坝垸	岳阳市	汨罗市	汨罗江	1.140	5	1.07	0.73	0.46	0.000	
22	李弯坝垸	岳阳市	汨罗市	汨罗江	0.150	5	0.32	0.23	0.14	0.010	
23	青潭垸	岳阳市	湘阴县	湘江	6.780	5	1.65	1.08	0.39	0.200	
24	乌龟冲垸	岳阳市	湘阴县	湘江	1.700	5	0.42	0.16	0.04	0.180	
25	小北湖垸	岳阳市	湘阴县	资水	5.100	5	0.34	0.00	0.16	0.000	
26	文径港垸	岳阳市	湘阴县	湘江	1.489	5	0.17	0.06	0.03	0.000	
27	龙船港垸	岳阳市	湘阴县	湘江	0.278	5	0.53	0.18	0.04	0.140	
28	目平湖垸	益阳市	沅江市	目平湖	8.640	5	1.75	0.92	0.76	0.050	
29	五汊湖垸	益阳市	沅江市	目平湖	0.500	5	0.20	0.11	0.08	0.010	
30	江猪头垸	益阳市	沅江市	南洞庭湖	2.460	5	0.16	0.07	0.02	—	
31	畔山洲垸	益阳市	沅江市	南洞庭湖	7.400	5	0.57	0.32	0.08	0.010	
32	团山巴垸	益阳市	沅江市	沅江	6.200	5	1.85	1.29	0.80	0.530	
33	甘溪港巴垸	益阳市	资阳区	资水	2.430	5	0.16	0.12	0.07	—	
34	关山垸	常德市	临澧县	澧水	3.370	4	0.31	0.23	0.11	0.300	
35	泗洞洼垸	常德市	临澧县	道水	3.210	5	0.25	0.21	0.01	0.280	
36	看花垸	常德市	临澧县	道水	2.780	5	0.40	0.38	0.02	0.000	
37	陈家河垸	常德市	临澧县	道水	4.440	4	0.83	0.64	0.05	0.820	
38	毛坪垸	常德市	澧县	道水	2.300	5	0.59	0.15	0.22	0.100	

续表

序号	堤垸名	所在市	所在县(区)	所在河流	堤防长度(km)	堤防等级	保护面积(万亩)	垸内耕地(万亩)	蓄洪量(亿m³)	人口(万人)	备注
39	白马垸	常德市	澧县	道水	2.200	5	0.71	0.12	0.25	0.090	
40	廖坪垸	常德市	澧县	道水	3.000	5	1.19	0.17	0.44	0.150	
41	英溪垸	常德市	澧县	道水	4.000	5	0.77	0.21	0.28	0.250	
42	彭坪垸	常德市	澧县	道水	5.500	5	1.81	0.73	0.67	0.400	
43	七里湖垸	常德市	澧县	澧水	21.150	5	1.85	1.48	1.39	0.040	
44	团结垸	常德市	桃源县	延溪	1.910	5	0.20	0.10	0.13	0.006	
45	南阳垸	常德市	鼎城区	南阳河	3.200	4	0.25	0.07	0.11	0.000	
46	放羊坪垸	常德市	鼎城区	枉水河	4.760	5	0.19	0.14	0.05	0.150	
47	三汉磨垸	常德市	汉寿县	目平湖	2.450	5	0.46	0.07	0.20	0.020	

表4.4-9　洞庭湖区千亩以上一般垸基本情况(不含平垸行洪单退垸)

序号	堤垸名	所在市	所在县(市、区)	所在河流	堤防长度(km)	堤防等级	保护面积(万亩)	垸内耕地(万亩)	人口(万人)	备注
1	民生垸	岳阳市	华容	长江	32.700	2	15.61	13.61	8.300	
2	东风湖垸	岳阳市	岳阳楼区	东洞庭湖	6.917	1	9.71	0.00	15.000	
3	南湖垸	岳阳市	岳阳楼区	东洞庭湖、长江	8.776	1	8.40	0.00	19.000	
4	永济垸	岳阳市	云溪区	长江	12.180	1	18.75	4.72	10.500	
5	黄盖垸	岳阳市	临湘市	长江	6.000	2	19.60	9.10	8.300	
6	麻塘垸	岳阳市	岳阳县	东洞庭湖	12.000	2	3.92	3.20	2.100	

续表

序号	堤垸名	所在市	所在县(市、区)	所在河流	堤防长度(km)	堤防等级	保护面积(万亩)	垸内耕地(万亩)	人口(万人)	备注
7	城北垸	岳阳市	岳阳县	新墙河	1.970	4	0.15	0.14	2.000	
8	中洲磊石垸	岳阳市	岳阳县、汨罗市	洞庭湖、汨罗江	20.510	4	16.08	14.23	8.610	
9	湖溪垸	岳阳市	汨罗市	汨罗江	12.400	4	3.49	0.64	9.000	
10	东湖垸	岳阳市	湘阴县	湘江、白水江	9.845	3	4.81	0.52	18.600	
11	人民垸	岳阳市	华容	华容河	17.000	4	2.79	2.17	1.300	
12	黄口垸	岳阳市	岳阳县	新墙河	19.480	5	3.05	1.47	1.080	
13	三合垸	岳阳市	岳阳县	新墙河	9.710	5	1.71	0.97	1.100	
14	罗江垸	岳阳市	汨罗市	汨罗江、罗江	20.730	4	2.11	1.66	1.490	
15	双楚垸	岳阳市	汨罗市	汨罗江	8.500	4	1.21	0.93	0.760	
16	瑞林垸	岳阳市	汨罗市	汨罗江	3.559	5	0.11	0.11	0.100	
17	松华垸	岳阳市	汨罗市	汨罗江	4.100	5	0.15	0.30	0.430	
18	永申垸	益阳市	赫山区	资水、志溪河	15.800	3	2.15	1.20	3.200	
19	向荣垸	益阳市	桃江县	资水	5.100	5	0.69	0.41	0.600	桃江水文站以上
20	花果山垸	益阳市	桃江县	资水	7.110	4	6.88	3.29	4.200	
21	茈成垸	益阳市	沅江市	南洞庭	9.200	4	1.80	1.20	0.600	
22	永新垸	益阳市	沅江市	南洞庭	22.190	4	1.84	1.09	0.950	
23	新桥河上垸	益阳市	资阳区	资水	7.220	4	2.04	1.21	1.090	
24	北峰山垸	益阳市	高新区	志溪河	8.150	4	1.01	0.75	0.720	
25	城关垸	益阳市	桃江县	资水	11.700	4	5.07	2.87	18.000	
26	牛潭河垸	益阳市	桃江县	资水	11.990	4	3.77	2.42	2.600	

续表

序号	堤垸名	所在市	所在县(市,区)	所在河流	堤防长度(km)	堤防等级	保护面积(万亩)	垸内耕地(万亩)	人口(万人)	备注
27	净下洲垸	益阳市	沅江市	草尾河	16.350	4	1.34	0.73	0.560	
28	澎湖潭垸	益阳市	沅江市	南洞庭	5.130	5	0.16	0.16	0.090	
29	南田垸	益阳市	高新区	志溪河	2.180	5	0.20	0.17	0.160	
30	易市垸	常德市	石门县	澧水	15.920	4	3.31	2.43	7.100	
31	二都垸	常德市	石门县	澧水	17.580	4	3.34	1.77	8.600	
32	安福垸	常德市	临澧县	道水	13.510	3	5.04	0.88	7.279	
33	望城垸	常德市	临澧县	道水	6.040	4	1.10	0.55	0.820	
34	阳由垸	常德市	津市	澧水	9.000	4	1.83	0.67	5.000	
35	漳江垸	常德市	桃源县	沅江	16.870	4	2.20	0.80	12.000	
36	浔阳垸	常德市	桃源县	沅江	6.900	4	2.80	1.50	2.200	
37	瞰溪垸	常德市	桃源县	沅江	28.600	4	10.60	7.52	10.000	
38	善卷垸	常德市	鼎城区	沅江	33.500	2	13.65	8.20	18.120	
39	观音庵垸	常德市	临澧县	道水	7.260	4	1.52	1.16	0.910	
40	新洲上垸	常德市	津市	澧水	4.530	4	1.93	1.30	4.500	
41	车湖垸	常德市	桃源县	沅江	21.600	4	5.80	3.70	5.860	
42	木塘垸	常德市	桃源县	沅江	17.300	4	3.80	2.83	3.500	
43	桃花垸	常德市	桃源县	沅江	14.790	3	2.70	1.40	2.900	桃源水文站以上
44	麦市垸	常德市	桃源县	沅江	6.990	5	0.45	0.42	0.220	桃源水文站以上
45	沙萝垸	常德市	桃源县	沅江	1.380	5	0.52	0.42	0.380	桃源水文站以上
46	青山垸	常德市	临澧县	澧水	3.260	4	0.86	0.37	0.370	

续表

序号	堤垸名	所在市	所在县(市、区)	所在河流	堤防长度(km)	堤防等级	保护面积(万亩)	垸内耕地(万亩)	人口(万人)	备注
47	洞坪垸	常德市	临澧县	澧水	9.940	4	0.80	0.43	0.710	
48	山洲垸	常德市	临澧县	澧水	6.300	4	0.57	0.42	0.420	
49	将军垸	常德市	临澧县	道水	2.820	5	0.56	0.44	0.120	
50	楚兴垸	常德市	临澧县	道水	8.350	5	0.75	0.60	0.550	
51	苏斗坪垸	常德市	澧县	道水	0.900	5	0.12	0.05	0.050	
52	桐岭垸	常德市	桃源县	白洋河	3.560	5	0.25	0.15	0.088	
53	石渚垸	长沙市	望城区	湘江、石渚河	3.310	4	1.13	1.19	0.810	
54	回龙垸	长沙市	宁乡市	沩水	22.300	2/4	5.21	2.83	11.020	
55	群英垸	长沙市	宁乡市	沩水	22.330	2/4	4.52	3.16	12.670	
56	团山湖垸	长沙市	望城区	沩水、八曲河	13.590	4	2.30	1.31	1.390	
57	太丰垸	长沙市	望城区	湘江	3.940	4	0.53	0.20	0.430	
58	苏蓼垸	长沙市	望城区	湘江	10.980	4	2.45	1.20	1.020	
59	双合垸	长沙市	望城区	湘江	0.740	4	0.17	0.14	0.020	
60	白沙垸	长沙市	望城区	沩水	3.750	4	0.35	0.18	0.120	
61	南中垸	长沙市	望城区	沩水	3.470	4	0.37	0.25	0.140	
62	李家湖垸	长沙市	望城区	沩水	1.860	4	0.18	0.13	0.020	
63	戴家河垸	长沙市	开福区	湘江	2.500	1	0.30	0.00	3.330	长沙综合枢纽以上
64	捞湖垸	长沙市	开福区	湘江、浏阳河、捞刀河	11.250	1	1.00	0.04	18.000	长沙综合枢纽以上
65	福安新河垸	长沙市	开福区	湘江、浏阳河	12.800	1	1.88	0.00	32.000	长沙综合枢纽以上

续表

序号	堤垸名	所在市	所在县(市、区)	所在河流	堤防长度(km)	堤防等级	保护面积(万亩)	垸内耕地(万亩)	人口(万人)	备注
66	解放垸	长沙市	天心区	湘江	11.600	1	2.17	0.80	1.000	长沙综合枢纽以上
67	南托垸	长沙市	天心区	湘江	9.490	2	1.44	1.80	2.000	长沙综合枢纽以上
68	胜利垸	长沙市	望城区	湘江、八曲河、马家河	8.020	1	1.92	1.10	2.760	长沙综合枢纽以上
69	同福垸	长沙市	望城区	湘江	17.650	2	2.70	1.84	1.610	长沙综合枢纽以上
70	联合垸	长沙市	望城区	湘江	9.400	2	1.22	0.98	1.520	长沙综合枢纽以上
71	麓山垸	长沙市	岳麓区	湘江、龙王港	4.960	1	0.40	0.00	23.200	长沙综合枢纽以上
72	丰顺垸	长沙市	岳麓区	湘江、靳江河	7.860	1	3.37	0.00	30.000	长沙综合枢纽以上
73	洋湖垸	长沙市	岳麓区	湘江、靳江河	12.110	1	1.59	0.00	17.000	长沙综合枢纽以上
74	高桥垸	长沙市	岳麓区	湘江	0.900	1	0.21	0.08	0.120	长沙综合枢纽以上
75	三湖垸	长沙市	岳麓区	湘江	3.950	1	0.23	0.19	0.290	长沙综合枢纽以上
76	官桥垸	长沙市	天心区	湘江	3.050	2	0.24	0.20	0.380	长沙综合枢纽以上
77	湘麓垸	长沙市	岳麓区	湘江	2.100	1	0.59	0.00	0.000	长沙综合枢纽以上
78	高裕垸	长沙市	望城区	八曲河	1.000	1	0.26	0.15	1.200	长沙综合枢纽以上
79	翻身垸	长沙市	望城区	沙河	4.550	—	0.87	0.80	0.740	长沙综合枢纽以上
80	苏托垸	长沙市	开福区	捞刀河	8.850	1	1.85	1.30	2.300	长沙综合枢纽以上
81	高沙垸	长沙市	长沙县	捞刀河	5.450	4	0.43	0.35	0.280	长沙综合枢纽以上
82	乌溪垸	长沙市	开福区	捞刀河、白沙河	2.680	4	0.17	0.11	0.170	长沙综合枢纽以上
83	双湖垸	长沙市	开福区	白沙河	3.650	4	0.15	0.11	0.170	长沙综合枢纽以上
84	水塘垸	长沙市	长沙县	捞刀河、白沙河	5.100	3	2.42	1.83	0.600	长沙综合枢纽以上
85	团结垸	长沙市	长沙县	捞刀河	4.270	2	1.65	0.79	0.790	长沙综合枢纽以上

续表

序号	堤院名	所在市	所在县(市、区)	所在河流	堤防长度(km)	堤防等级	保护面积(万亩)	院内耕地(万亩)	人口(万人)	备注
86	回龙垸	长沙市	长沙县	捞刀河	9.600	4	2.53	1.68	1.150	长沙综合枢纽以上
87	朝正垸	长沙市	开福区	浏阳河	5.300	1	1.01	0.00	4.000	长沙综合枢纽以上
88	长善垸	长沙市	芙蓉区	浏阳河	8.500	1	3.28	0.00	40.000	长沙综合枢纽以上
89	东岸垸	长沙市	芙蓉区	浏阳河	6.750	1	1.08	0.00	9.000	长沙综合枢纽以上
90	合丰垸	长沙市	雨花区	浏阳河、圭塘河	14.150	1	2.79	0.00	16.000	长沙综合枢纽以上
91	潭阳垸	长沙市	雨花区	浏阳河	6.170	1	0.30	0.00	0.000	长沙综合枢纽以上
92	梨江花园垸	长沙市	长沙县	浏阳河	3.200	4	0.20	0.27	0.410	长沙综合枢纽以上
93	敢胜垸	长沙市	长沙县	浏阳河、榨山港	22.000	1	2.26	1.70	2.810	长沙综合枢纽以上
94	曙光垸	长沙市	雨花区	浏阳河	3.420	3	0.66	0.54	0.650	长沙综合枢纽以上
95	联丰垸	长沙市	岳麓区	靳江河	2.200	1	0.30	0.02	12.000	长沙综合枢纽以上
96	五星垸	长沙市	岳麓区	靳江河	3.300	4	0.30	0.16	0.020	长沙综合枢纽以上
97	花塘垸	长沙市	岳麓区	靳江河	2.300	4	0.15	0.10	0.050	长沙综合枢纽以上
98	幸福垸	长沙市	岳麓区	靳江河	3.680	4	0.23	0.14	0.200	长沙综合枢纽以上
99	九江垸	长沙市	岳麓区	靳江河	3.990	4	0.29	0.25	0.090	长沙综合枢纽以上
100	九华湘江大堤	湘潭市	雨湖区	湘江	18.900	2	20.80	4.20	21.000	长沙综合枢纽以上
101	河西大堤	湘潭市	雨湖区	湘江	9.120	2	2.64	0.96	10.000	长沙综合枢纽以上
102	十万垅大堤	湘潭市	雨湖区	湘江	12.130	2	18.09	0.39	40.000	长沙综合枢纽以上
103	河东大堤	湘潭市	岳塘区	湘江	29.250	2	6.21	0.00	30.000	长沙综合枢纽以上
104	京竹堤	湘潭市	湘潭	湘江、涓水	2.340	5	2.55	0.37	2.000	长沙综合枢纽以上
105	滨江堤	湘潭市	湘潭县	湘江	2.500	3	6.93	0.00	16.000	长沙综合枢纽以上

续表

序号	堤垸名	所在市	所在县(市、区)	所在河流	堤防长度(km)	堤防等级	保护面积(万亩)	垸内耕地(万亩)	人口(万人)	备注
106	湾东港堤垸	湘潭市	湘潭县	湘江、紫荆河	1.100	5	3.16	1.12	2.100	长沙综合枢纽以上
107	石峰垸	株洲市	石峰区	湘江	8.400	2	9.30	0.17	3.560	长沙综合枢纽以上
108	马家河垸	株洲市	天元区	湘江	5.370	4	1.30	0.58	2.800	长沙综合枢纽以上
109	河西垸	株洲市	天元区	湘江	27.000	2	2.00	1.88	21.000	长沙综合枢纽以上
110	枫溪	株洲市	芦淞区	湘江	20.700	2	0.24	0.10	30.000	长沙综合枢纽以上
111	建宁垸	株洲市	荷塘区	湘江	4.960	3	1.43	1.20	1.110	长沙综合枢纽以上
112	渌口镇垸	株洲市	渌口区	湘江	3.000	3	0.21	0.12	0.230	长沙综合枢纽以上
113	周湖垸	长沙市	望城区	湘江	1.400	4	0.17	0.07	0.010	长沙综合枢纽以上
114	双江垸	长沙市	长沙县	金井河	3.910	4	0.55	0.35	0.090	长沙综合枢纽以上
115	姜畲大堤	湘潭市	雨湖区	湘江、涟水	15.380	2	13.60	4.89	6.200	长沙综合枢纽以上
116	卓江堤	湘潭市	湘潭县	湘江	16.300	3	1.28	1.00	0.940	长沙综合枢纽以上
117	石潭堤	湘潭市	湘潭县	涟水	1.390	4	0.45	0.01	2.200	长沙综合枢纽以上
118	建中堤垸	湘潭市	湘潭县	涟水	2.400	4	1.41	0.14	0.180	长沙综合枢纽以上
119	新南堤垸	湘潭市	湘潭县	涟水	2.800	5	0.90	0.08	0.020	长沙综合枢纽以上
120	古城垸	湘潭市	湘潭县	涟水	15.820	4	2.76	1.80	2.400	长沙综合枢纽以上
121	正福堤	湘潭市	湘潭县	涟水	6.250	4	3.07	1.12	1.200	长沙综合枢纽以上
122	同福垸	湘潭市	湘潭县	涟水	6.750	4	2.91	1.05	1.500	长沙综合枢纽以上
123	南岸城塘垸	株洲市	渌口区	湘江、渌江	10.070	3	3.98	0.97	0.000	长沙综合枢纽以上
124	新塘垸	长沙市	望城区	湘江	2.500	4	0.21	0.17	0.020	长沙综合枢纽以上
125	李湖垸	长沙市	望城区	湘江	1.885	4	0.17	0.11	0.010	长沙综合枢纽以上
126	施家湖垸	长沙市	望城区	湘江、沙河	2.500	4	0.14	0.06	0.020	长沙综合枢纽以上

续表

序号	堤垸名	所在市	所在县（市、区）	所在河流	堤防长度（km）	堤防等级	保护面积（万亩）	垸内耕地（万亩）	人口（万人）	备注
127	兴马垸	长沙市	天心区	湘江	10.500	—	0.11	0.10	0.160	长沙综合枢纽以上
128	湘洲垸	长沙市	望城区	湘江	8.200	1	0.28	0.30	0.000	长沙综合枢纽以上
129	梅塘垸	长沙市	长沙县	白沙河	3.900	4	0.23	0.16	0.130	长沙综合枢纽以上
130	红旗垸	长沙市	长沙县	白沙河	5.500	4	0.48	0.46	0.380	长沙综合枢纽以上
131	三合垸	长沙市	长沙县	捞刀河	3.260	4	0.28	0.17	0.300	长沙综合枢纽以上
132	果园垸	长沙市	长沙县	捞刀河、金井河	9.280	4	1.46	0.74	0.700	长沙综合枢纽以上
133	红花垸	长沙市	长沙县	金井河	2.620	4	0.30	0.15	0.130	长沙综合枢纽以上
134	古井垸	长沙市	长沙县	捞刀河	3.460	5	0.18	0.11	0.090	长沙综合枢纽以上
135	先锋垸	长沙市	长沙县	浏阳河	3.900	4	0.14	0.12	0.210	长沙综合枢纽以上
136	沿河堤	湘潭市	湘潭县	涟水	5.560	4	1.37	0.40	0.450	长沙综合枢纽以上
137	龙华堤	湘潭市	湘潭县	涟水	5.630	4	2.05	0.53	0.580	长沙综合枢纽以上
138	白托堤垸	湘潭市	湘潭县	涟水	7.800	4	1.25	0.78	1.210	长沙综合枢纽以上
139	杨溪堤	湘潭市	湘潭县	涓水	6.000	4	1.64	0.46	0.430	长沙综合枢纽以上
140	莲托堤	湘潭市	湘潭县	涓水	10.800	5	1.42	0.71	0.690	长沙综合枢纽以上
141	凫塘堤	湘潭市	湘潭县	涓水	2.470	5	0.30	0.20	0.180	长沙综合枢纽以上
142	郭家桥堤	湘潭市	湘潭县	涓水	4.400	5	0.47	0.20	0.160	长沙综合枢纽以上
143	四蔀堤	湘潭市	湘潭县	涓水	6.780	5	0.66	0.43	0.440	长沙综合枢纽以上
144	雷打石垸	株洲市	天元区	湘江	9.500	4	2.55	2.54	3.500	长沙综合枢纽以上

注："—"表示未知和未测。

表 4.4-10

洞庭湖区主要万亩以上一般垸控制站特征水位

河名	河名	垸名	站名	规划设计 洪水位	规划设计时间（年-月-日）	1951—2018年 最高洪水位	最高洪水位出现时间（年-月-日）	警戒水位（m）	堤顶高程（m）	冻结高程改正下高程（m） 吴淞	56 黄海	85 黄海
西洞庭湖	七里湖	阳由	津市水文站	44.01	1991-7-7	45.02	2003-7-10	41.0	46.50	-0.31	-2.18	-2.09
		新洲上	新洲闸	43.33	1991-7-7	44.10	1998-7-24	40.0	45.50	—	—	—
		新洲下	朱家咀	42.53	1991-7-7	43.36	1998-7-24	39.5	44.00	—	—	—
		七里湖	彭家港	42.01	1991-7-7	43.00	1998-7-24	40.0	43.50	—	—	—
	目平湖	日平湖	西堤电排站	36.20	1954-7-31	38.40	1996-7-18	34.0	38.20	—	—	—
	草尾河	净下洲	水管站	35.60	1954-8-3	36.62	1996-7-21	33.0	36.80	—	—	—
	湘江东支	洋沙湖	洋沙湖闸	35.45	1954-8-3	36.70	1996-7-21	34.0	37.00	—	—	—
		东湖	湘阴水位站	35.41	1954-8-3	36.66	1996-7-21	34.0	36.80	-0.26	-2.08	-1.99
		磊石	长山闸	35.04	1954-8-3	35.96	1996-7-21	33.0	37.50	—	—	—
		中洲	鹿角水位站	35.00	1954-8-3	36.14	1998-8-20	33.0	37.00	-0.24	-2.06	-1.97
		万石湖	万石湖闸	35.00	1954-8-3	36.13	1998-8-20	32.5	37.00	—	—	—
东洞庭湖		大毛家湖	堤委会	35.00	1954-8-3	36.23	1998-8-20	32.5	37.00	—	—	—
		麻塘	中闸	34.82	1954-8-3	36.12	1998-8-20	33.0	37.00	—	—	—
		湖滨	湖滨	34.82	1954-8-3	36.21	1998-8-20	32.5	36.50	—	—	—
		岳阳城区	岳阳水位站	34.82	1954-8-3	36.05	1998-8-20	32.5	37.00	-0.21	-2.03	-1.94
长江	华容河	人民大	华容大桥	35.89	1954-8-4	36.10	1998-8	33.5	38.80	-0.26	-2.07	-1.98
	干流	民生	塔市	37.74	长流规	38.56	1998-8-18	35.5	40.00	-0.32	-2.13	-2.04
		永济	象骨港	34.33	长流规	35.64	1998-8-20	32.5	37.80	-0.21	-2.03	-1.94

续表

河名	院名	站名	规划设计		1951—2018年		警戒水位(m)	堤顶高程(m)	冻结高程改正以下高程(m)		
			洪水位	规划设计时间(年-月-日)	最高洪水位	最高洪水位出现时间(年-月-日)			吴淞	56黄海	85黄海
湘江尾闾 干流	园艺场	—	—	1976-7-13	—	—	—	—	—	—	—
	马家河	新马	42.20	1976-7-13	—	—	37.4	43.20	—	—	—
	石峰垸（霞湾）	霞湾街	43.50	1976-7-13	—	—	39.0	44.80	—	—	—
	湾东港	—	—	1976-7-13	—	—	39.0	43.80	—	—	—
	卓江	—	—	1976-7-13	—	—	38.0	43.50	—	—	—
	九华湘江大堤（和平）	—	—	1976-7-13	—	—	36.5	42.60	—	—	—
	十万垅	唐兴桥	41.66	1976-7-13	—	—	38.0	42.50	—	—	—
	河西	—	—	1976-7-13	—	—	—	—	—	—	—
	姜畲大堤（天星）	栗山塘	41.16	1976-7-13	—	—	38.0	42.50	—	—	—
	河东	木鱼湖	41.26	1976-7-13	—	—	38.0	43.00	—	—	—
	仰天湖	王家晒	40.26	1976-7-13	—	—	37.0	42.00	—	—	—
湘江尾闾 干流	南托	窑湾寺	39.28	1976	39.86	1994-6-18	37.0	40.86	—	−2.03	−1.94
	解放	中心港	39.10	1968-6-28	39.59	1994-6-18	37.0	40.30	—	−2.08	−1.99
	洋湖	枯石塘	38.49	—	39.30	1998-6-27	36.5	40.00	—	−2.14	−2.05
	丰顺	炮台子	38.42	1976-7-12	39.20	1998-6-27	35.0	40.00	—	−2.15	−2.06
	涝湖	陈家渡	38.20	—	39.20	1998-6-27	35.0	39.50	—	−2.15	−2.06
	联合	喻家坪	37.19	1982-6-19	38.78	1998-6-27	35.0	38.80	—	−2.49	−2.40
	同福	白沙洲	36.97	1982-6-19	—	1998-6-27	35.0	38.50	—	−2.44	−2.35

续表

河名	垸名	站名	规划设计 洪水位	规划设计时间 (年-月-日)	最高洪水位	最高洪水位出现时间 (年-月-日)	警戒水位 (m)	堤顶高程 (m)	吴淞	56黄海	85黄海
湘江尾闾 干流	胜利	望城码头	36.82	1982-6-19	38.05	1998-6-27	34.5	38.50	—	-2.35	-2.26
干流	石渚	古城桥	36.67	1982-6-19	—	1998-6-27	34.5	38.50	—	-2.35	-2.26
干流	苏蓼	金钩寺	35.97	1982-6-19	37.30	1998-6-27	34.0	38.00	—	-2.46	-2.37
涓水	连托	—	—	—	—	—	38.0	44.10	—	—	—
涟水	古城	—	43.42	1982	—	—	39.0	45.50	—	—	—
涟水	同伏	黄草港	42.50	1968	—	—	39.0	44.50	—	—	—
涟水	正伏	谢家港	42.50	1968	—	—	39.0	44.20	—	—	—
涟水	姜畲	杨家港	41.86	1968	—	—	38.0	43.50	—	—	—
涟水	敢胜	汤洋桥	39.80	1954	40.50	1998-6-27	38.0	42.00	—	-1.87	-1.78
涟水	合丰	川河	38.46	1976	40.22	1998-6-27	35.0	41.50	—	-2.07	-1.98
湘江尾闾 浏阳河	东岸	堤委会	38.01	—	39.64	1998-6-27	35.0	41.48	—	-2.03	-1.94
浏阳河	长善	堤委会	38.49	—	39.61	1998-6-27	35.0	41.50	—	-2.03	-1.94
浏阳河	朝正	月湖港口	37.86	1976	39.57	1998-6-27	35.0	40.00	—	-2.06	-1.97
浏阳河	果园	金龙寺	40.80	1969	40.54	1965.7	38.0	41.60	—	-1.43	-1.34
浏阳河	回龙	马家夹	40.53	1969	40.61	1969-7-10	39.0	43.50	—	-2.01	-1.92
捞刀河	团结	堤委会	39.60	1969	39.18	1998-6-27	37.5	40.00	—	-1.91	-1.82
捞刀河	水塘	堤委会	38.20	1962	38.90	1998-6-27	36.5	40.50	—	-1.94	-1.85
捞刀河	苏托	甘咀坨	37.78	1962	38.76	1998-6-27	36.0	39.80	—	-2.25	-2.16

注：冻结高程改以下高程（m）

续表

河名		堤名	站名	规划设计 洪水位	规划设计 时间(年-月-日)	1951—2018年 最高洪水位	1951—2018年 最高洪水位出现时间(年-月-日)	警戒水位(m)	堤顶高程(m)	冻结高程改以下高程(m) 吴淞	冻结高程改以下高程(m) 56黄海	冻结高程改以下高程(m) 85黄海
湘江尾闾	沙河	翻身	谭家巷	37.28	1982	38.51	1998-6-27	35.0	38.70	—	-2.35	-2.26
湘江尾闾	沩水	洄龙	沩丰坝	50.57	—	47.57	1998-6-14	46.5	52.08	—	—	—
湘江尾闾	沩水	群英	修防会	39.47	1969	39.47	1969-8	35.0	41.00	—	—	—
湘江尾闾	沩水	团山湖	山河河坝	36.49	1982-6	37.88	1998-6-27	34.5	38.00	—	-2.36	-2.27
资水尾闾	干流	桃江城关	桃江水文站	43.82	1955-8-27	44.44	1996-7-17	40.0	42.50~45.60	-0.53	-2.34	-2.25
资水尾闾	干流	牛潭河	桃江水文站	—	—	—	—	—	44.60	—	—	—
资水尾闾	干流	花果山	罗公桥	41.05	1955-8-27	—	—	40.0	42.50~44.00	—	—	—
资水尾闾	新桥河	新桥河上	新桥河	41.97	1955-8-27	42.24	1996-7-17	38.0	43.15	-0.66	-2.47	-2.38
资水尾闾	新桥河	永申	牛坪	39.30	1955-8-27	39.92	1996-7-1	37.0	41.10	—	—	—
沅江尾闾	干流	桃花源	水溪闸	48.00	1969-7-17	49.60	1996-7-19	47.0	51.10	—	—	—
沅江尾闾	干流	樟江	桃源水文站	45.40	1969-7-17	47.37	2014-7-17	42.5	48.87	-0.17	-1.98	-1.89
沅江尾闾	干流	车湖	延泉	43.39	1969-7-17	45.95	1996-7-19	42.0	47.00	—	—	—
沅江尾闾	干流	陬溪	鲢鱼口	43.10	—	45.00	1996-7-19	41.0	46.50	—	—	—
沅江尾闾	干流	木塘	孙家河	42.85	—	44.86	1996-7-19	41.0	45.60	—	—	—
沅江尾闾	干流	善卷	建设石昏	40.67	1969-7-17	42.17	1996-7-19	38.5	44.55	0.00	-1.81	-1.72
澧水尾闾	道水	安福	—	—	—	—	—	—	—	—	—	—
澧水尾闾	道水	烽火	烽火电站	45.35	—	46.50	1998-7-23	44.0	47.00	—	—	—

续表

河名	垸名	站名	规划设计		1951—2018年		警戒水位(m)	堤顶高程(m)	冻结高程改以下高程(m)		
			洪水位	规划设计时间(年-月-日)	最高洪水位	最高洪水位出现时间(年-月-日)			吴淞	56黄海	85黄海
汨罗江尾闾 干流	罗江	油埠滩	37.95	1983-7-9	37.95	1983-7-9	34.5	39.00	—	—	—
	湖溪	小桥闸	36.90	1983-7-9	—	—	34.5	37.50	—	—	—
	双楚	牛巷口	36.22	1983-7-9	—	—	34.5	38.00	—	—	—
	松柏	宝塔闸	35.04	1954-7-26	35.96	1996-7	34.0	37.50	—	—	—
	双河坝	双河坝闸	35.04	1954-7-26	35.96	1996-7	33.5	37.50	—	—	—
新墙河 干流	筻口	筻口大桥	37.60	1954-8-3	—	—	35.0	—	—	—	—
	三合	三合	35.00	1954-8-3	36.20	1998-8-21	33.0	37.00	—	—	—
	六合	六合	34.82	1954-8-3	36.20	1998-8-21	33.0	36.50	—	—	—

注：1. 湘江星闾至长沙至豪河河口河段（含浏阳河、捞刀河、沩水）一般按最高洪水位出现时间为2017年，但因没有观测资料，因此最高水位仍列1998年，1996年水位。

2. 湘江长沙站2017最高水位为39.51m(冻结)，1998年最高水位为39.18m，靖港站2017最高水位为35.71m(85黄海)，1998年最高洪水位为35.47m。濠河口水文站2017最高洪水位为37.01m(冻结)，1996年最高洪水位为36.77m。

3. 其他观测站实际使用可内插或调查修正。

4. "—"表示未知或未测。

4.4.3 非工程措施

（1）建立责任制

根据全省湖区防汛抗旱工作需要，建立对口信息服务工作机制，明确湖南省水利厅下达湖区水旱灾害防御相关工作任务，设立工作小组，实时为相关部门提供重大水旱灾害防御工作信息服务。各级水利部门明确和制定洞庭湖区各类水库、堤防、堤垸等水利工程的水旱灾害防御技术责任人和防守责任人。

（2）建设监测预警系统

1）洪水预报预警

利用与气象部门数据耦合和精细化预报研究，完善洪水预报调度系统，使得雨情水情预报更加精准，预见期大幅提前；在汛期开展水旱灾害防御预警发布、实时洪水作业预报、各类洪水预警，为各级水行政主管部门提供精准的情报。

2）旱情监测预警

进入干旱期后，湖区水行政主管部门每周定期加强雨情墒情以及水库、人饮工程等水情监测，及时发布干旱预警、枯水预警，提醒和督促市（县）做好防旱抗旱准备。

3）调度预警

预警是当前重要的非工程措施手段，建设水文气象监测站网，匹配分析"一湖四水"及其主要支流不利洪水组合情况，建立流域洪水精准预报和水利工程动态调度模型，着力强化短期洪水精准预报预警能力。统筹流域水库、河道湖泊、蓄滞洪区的调蓄能力，充分挖掘工程体系防洪供水潜力，实时掌控、预判区域水资源储备及用水状况，做好各类水工程联合调度。

（3）制定应急除险机制

通过加强抢险技术、新装备研究，提高物资调运抢险效率，加强防洪调度和水利工程应急抢险专家队伍建设，开展洪水调度和水利工程抢险演练。完善避险转移预案，开展防灾减灾知识宣传和科普教育，提升公众防洪应急能力。建立湖区应急抢险、除险工作体制机制。

第 5 章　防治对策及建议

5.1　山丘区治理对策及建议

5.1.1　山丘区洪灾防治

山丘区洪灾防治是防汛工作的重点,防治规划坚持以人为本、全面协调可持续的发展观,从落实规划入手,突出以防为主,防抗救相结合。

(1)全面贯彻防灾减灾新理念,提升防灾减灾救灾意识

遵循"两个坚持、三个转变"理念,抓实山丘区洪水灾害防御工作,切实加强洪水风险管控,从源头抓起,从预防着手,紧紧抓住减轻洪水灾害这个关键,提出科学合理的对策和措施。从根本宗旨上、问题导向上、忧患意识上牢牢把握,着力锻长板、补短板、固底板,下好风险防控的"先手棋",切实把为人民谋幸福、为民族谋复兴作为工作的出发点和落脚点,聚焦保障人民生命财产安全,持续提升洪水灾害风险早期识别、过程研判、险情评估、灾害处置等各方面意识和能力。

(2)强化工程监管与工程保障,提升防洪保安能力

一是把水利工程度汛安全作为洪水灾害防御底线,始终将隐患排查、整改、管控贯穿防汛全过程。强化对水库(水电站)和堤防等重点隐患风险点的巡查力度,确保水利工程安全度汛,紧盯病险水库,落实空库运行措施,对承担供水灌溉任务且难以替代的病险水库,一律落实专人巡查值守,严格控制其低水位运行。加强水库汛限水位监管,通过线上线下双结合的方式持续监管具有防洪任务的近 400 座大中型水库的汛限水位,必须上报水库实时水情信息,水库一旦超汛限水位,督促及时腾库迎洪;统筹协调好防洪兴利和抗旱关系,规范和强化汛限水位监督管理工作,切实保障防洪安全。二是进一步强化防洪工程保障。以改善江湖关系、提高堤垸防洪排涝能力、安全分蓄洪为重点,完善洞庭湖防洪工程体系;以加强河道整治与堤防建设、建设防洪控制性水库为重点,完善四水防洪工程体系;以提升城市治涝、保护圈闭合为重点,完善城镇防洪工程体系;以山洪灾害防御能力建设为重点,完善乡村防洪

工程体系。

（3）加强水利信息化建设，提升水利现代化管理水平

提升监测预警和调度水平，加快推进智慧水利建设，以网络信息为基础，充分运用互联网、大数据、物联网、人工智能等新兴技术，完善水雨情、水资源管理、河湖管理、水工程管理等监控体系建设。提升水资源管理水平，强化省、市、县、乡、村5级通信系统建设，提升信息传输速度和精度，以国土空间规划"一张图"为底图，全面整合防汛抗旱、河湖长制、水资源管理、水土保持、安全饮水、工程建设等水安全基础数据，全面实现信息互联互通、数据处理高效精准、调度决策智能科学。同时，强化行政首长负责制，不断完善山丘区洪水灾害防御应急指挥体系，加强队伍现代化建设，提升专业应急处置能力。

（4）加强中小河流治理

按照整流域推进、整河流治理的原则，分阶段实施中小河流治理，继续实施湘江、资水、沅江、澧水、武江、恭城河等流域面积3000km² 以上河流的主要支流重要河段防洪治理，加快实施流域面积200～3000km² 中小河流的治理，集中力量解决四水流域城镇河段防洪堤防不达标、近年洪涝灾害频发、河堤损毁严重等突出问题。

（5）开展山洪灾害防治

加快实施列入国家防汛抗旱提升实施方案的84条重点山洪沟防洪治理项目，完成剩余未开展治理的52条重点山洪沟治理项目。进一步提升山洪灾害监测预警能力，优化自动监测站网布局，扩大预警预报信息覆盖面，加强监测预警平台集约化应用。指导开展群测群防体系建设，全面提升防灾减灾成效，减轻山洪灾害损失。

5.1.2　山丘区旱灾防治

随着湖南省经济社会的迅速发展，干旱的威胁和所造成的损失或将更为严重，防旱减灾的任务将更加艰巨。为切实做好山丘区防旱减灾工作，全力保障群众饮水安全、粮食生产安全，根据全省山丘区自然地理、气候环境及目前的水利条件，防旱减灾对策和措施主要如下：

（1）强化饮水安全保障

目前，山丘区城市存在重要民生工程安全取水风险，供水保障水平有待提高，全省农业用水保障率需进一步有效提升。全省有效灌溉面积仅占耕地面积的76%，衡邵干旱走廊等重旱区有1400万亩耕地灌溉保障率不到75%，湘西、湘南岩溶地区插花型干旱多发、易发，城乡、行业用水矛盾日益突显，局部地区应对极端气候的抗风险能力薄弱。

为稳步增强流域内水资源配置能力，按照"确有需要、生态安全、可以持续"的原则，统筹解决全省四大干旱片区发展用水问题，以"一湖四水"天然水系为骨干，以连通四水为有效补

充,实现跨流域水资源调节;构建以水库水源为主体的优质水源供给体系,以城市骨干水源为中心,兼并"散小差"水源,联网成片,实现水源共享、水量互济、环线供水;提升供给能力,推进现有水源工程功能调整和提质扩容,推进衡邵干旱走廊、长株潭城市群等重点水源工程建设,加快完成县级以上城市第二水源建设;统筹城乡饮水供给,以县域为单元推进城乡供水一体化,延伸供水管网,完善配水管网系统,提升城镇水厂供水能力;推进农业灌溉现代化,加快大中型灌区节水改造与现代化建设和小型灌区工程提质改造;以加强河道整治与堤防建设、建设防洪控制性水库为重点,完善四水防洪抗旱工程体系。

(2)加快水利工程的除险加固步伐

水利工程设施是抗旱减灾的重要物质基础,但目前水利工程设施的抗旱能力受到制约。一是虽然全省已建成水库数量占全国水库总数量的 1/7,但已建水库潜力未得到充分发挥,蓄水、保水、抗旱能力不足,已建水库病险多,日趋老化。二是灌区工程存在建设不配套,渠系及其建筑物老化严重问题;大部分灌区工程设施存在老化严重、管理维护不及时、基础设施落后的情况,无法充分发挥灌溉调节能力,导致全省农田灌溉水有效利用系数较低,水资源沿程漏损严重,如铁山供水工程每年渠道漏损水量达到 0.63 亿 m^3,占供水量的 40%,相当于一个中型水库的水量;部分大型水库(如五强溪、柘溪、凤滩等)以发电为主,蓄水灌溉调节利用不充分。因此,对已建水利工程进行维修、改造及配套,加大投入,加快除险、配套、改造步伐,是防旱减灾增产的一项有效措施。

加快完成列入国家实施方案的病险水库除险加固任务,消除存量隐患。需有序完成已到安全鉴定期限水库的安全鉴定任务,对病险程度较高、防洪任务较重的水库,抓紧实施除险加固,完成以往已实施除险加固的小型水库遗留问题的处理;继续完成经鉴定后新增病险水库的除险加固任务,对每年按期开展安全鉴定后新增的病险水库,及时实施除险加固;健全水库运行管护长效机制,探索实行小型水库专业化管护模式,实现水库安全良性运行。适时推动大中型水闸除险加固。

(3)推进智慧水利建设,提升防旱减灾管理水平

全省需加强管水能力信息化建设。湖南省水旱灾害防御"四预"建设处于起步阶段,存在针对中小河流和中小水库雨水情实时监测水平不高,洪灾旱灾演变、山洪易发区态势感知能力不强,干旱监测能力薄弱等问题。加强管水能力信息化建设,补齐监测短板,做到监测精密、预报精准、服务精细;完善预案,加强培训演练,强化监督管理,缩短与新时代水旱灾害防御要求的差距;为基层水行政主管部门调配专业人员组建队伍,改善基层调度指挥能力不强、应急处置能力不足、工程调度不规范、信息上传下达受阻等问题。

(4)进一步完善防汛抗旱工作机制

机构改革之后的防汛抗旱工作实践证明,防汛抗旱工作要始终坚持党的集中统一领导,

要充分依靠精准的监测预报预警和科学的水工程调度,更需要各个专业部门间的协同配合。但实践中也暴露出工作链条延长、责任边界模糊、基层力量分散、信息情报滞后等实际问题,尤其是基层专业技术力量的不足,很大程度上制约着防汛抗旱工作实效。要提高防汛抗旱工作实效需进一步完善防汛抗旱工作机制,理清工作职责,强化基层建设。全省市、县原防办人员中有一部分转隶到了应急管理部门,导致本就力量不足的市县一级水利部门力量更加薄弱,特别是基层水利专业技术人员缺乏,指导巡堤查险力量不足。建议加强对水利人才的培养,制定相对优惠的政策吸引水利专业人才扎根基层水利单位。

5.2　洞庭湖区治理对策及建议

三峡水库蓄水运用后,减少了洞庭湖区的分洪量和减小了分洪运用概率,洞庭湖区防洪形势好转。但在三峡水库工程建成前的几十年间,受长江中游河湖的自然演变和人类活动的影响,江湖关系发生调整,洞庭湖调蓄洪水能力逐渐下降,洞庭湖区存在大量的超额洪量需要妥善处理。洞庭湖区治理过程中要科学规划、统筹安排,综合考虑上、中、下游的整体利益,做到"拦、蓄、挡、泄"相结合,完善堤防、蓄滞洪区、河道整治、水库、平垸行洪、退田还湖等工程措施与非工程措施相结合的综合防洪体系。

（1）防洪工程规划建设

1）重要堤防工程加固

加快推进重要堤防加固,实施长江干流湖南段堤防提升、河势控制和河道治理工程;加快推进洞庭湖区松澧垸、安造垸、沅澧垸、长春垸、烂泥湖垸、华容护城垸等 6 个重点垸堤防加固一期工程建设;加快推进沅南垸、安保垸、育乐垸、大通湖垸、湘滨南湖垸等 5 个重点垸堤防加固二期工程前期工作,争取加快审批,"十四五"启动建设;启动重要一般垸堤防和内湖撇洪河堤防加固前期工作,争取尽早开工建设。

2）一般垸规划建设

随着防洪工程建设的不断推进,部分一般垸所在区域或河段的防洪能力和防洪形势也在发生变化。随着经济社会的快速发展,部分一般垸已处在中心城市的发展辐射区内,垸内坐落有重要交通、通信、输气、输油管道等基础设施和高等级的经济开发区,以及大中型工商企业,拥有十分重要的经济地位。以往洞庭湖区多次治理中没有安排建设的一般垸,存在堤身断面不足、堤身质量差、涵闸老化破旧、存在险工险段等问题,防洪能力整体偏低。因此,增加一批未纳入"平垸行洪"的一般垸,分批安排建设,加强分蓄洪设施建设及安全建设,使其"分得进、蓄得住、退得出",确保其所在区域及流域的防洪安全。

（2）落实蓄滞洪区规划建设

为防御 1954 年量级洪水,《长江流域综合利用规划》在长江中下游地区安排的分洪量为

492 亿 m³,其中湖北荆江地区 54 亿 m³,湖北武汉附近 68 亿 m³,江西湖口附近 50 亿 m³,湖南城陵矶附近 320 亿 m³(湖南洞庭湖蓄滞洪区、湖北洪湖蓄滞洪区各承担 160 亿 m³)。三峡水库蓄水运用后,城陵矶附近分洪量可以减少到 100 亿 m³,湖南、湖北各承担 50 亿 m³。洞庭湖区规划建设 24 个蓄滞洪区,目前仅澧南、西官、围堤湖 3 垸具备分蓄洪条件,分蓄洪容积 8.81 亿 m³,分蓄洪容积仅占规划分蓄洪容积的 5.4%。抓紧落实蓄滞洪区的建设,对于防御洞庭湖区特大洪水有着重大意义和必要。

(3)洪道整治规划,确保行洪安全

1)加强四口水系洪道整治规划

加强松虎洪道整治工程、虎渡河整治工程、藕池河洪道整治工程、华容河洪道整治工程建设工作,通过各水系骨干水道的洪道整治,维持河道过流能力,统筹防洪、灌溉、供水、水生态环境保护和航运等多方面需求,增加枯水期河道进流,提供区域供水、灌溉所需的水资源,以满足供水、灌溉需求;维持河道全年不断流,以满足最小生态流量要求,恢复江湖水生生物通道。

2)加强纯湖区洪道整治规划

洞庭湖通常被分为三大部分,以赤山为界,赤山以西称为西洞庭湖,包括七里湖和目平湖;赤山以东至磊石山为南洞庭湖;磊石山以北称为东洞庭湖。西洞庭湖由于泥沙淤积十分严重,调蓄洪水的能力已大大降低,七里湖归入澧水洪道整治规划,目平湖暂不采取工程措施。湖区洪道整治主要规划南洞庭湖区以及东洞庭湖进出口段疏挖。南洞庭湖洪道整治规划、东洞庭湖洪道整治规划、目平湖洪道整治规划以开展清淤疏浚和河道扫障工程措施为主。

3)加强洞庭湖水系洪道整治规划

湘、资、沅、澧及汨罗江、新墙河 6 河为洞庭湖水系一级支流。目前这些河流洪道存在的主要问题是各类阻水建筑越来越多,个别河段卡口阻水严重,尾闾部分受湖区水位抬高影响产生淤积。加强湘江洪道整治规划、资水洪道整治规划、沅江洪道整治规划、澧水洪道整治规划、汨罗江洪道整治规划、新墙河洪道整治规划和工程建设,进行洪道扫障、疏挖、拓卡以及局部河段的河势控制等,分流水沙将大幅度减少,能够使洞庭湖淤积程度总体得到减轻。

(4)平垸行洪、退田还湖、移民建镇

由于历年围湖造田,湖区水面锐减,洞庭湖蓄洪量减少。为保障防洪安全,在水位过高时,蓄洪垸主动蓄洪,降低水位,保证重点堤垸安全。根据《湖南省洞庭湖区"平垸行洪、退田还湖、移民建镇"3~5 年水利规划报告》,列入平退堤垸 314 处,平退总面积 236.8 万亩(1578.6km²),计划搬迁 22 万户、81.6 万人;平垸行洪、退田还湖、移民建镇涉及的范围包括湘江至长沙市开福区,资水至安化县,沅江至桃源县,澧水至临澧县城,汨罗江至平江县,湖区至临湘市区,长江从华容县洪山头至临湘市儒溪镇。

(5)提升重点易涝区排涝能力

洞庭湖区易涝区地面高程普遍低于当地洪水位4～10m,区内土地肥沃,是我国的粮食主产区和经济作物生产基地。

洞庭湖区涝灾成因较为复杂,主要有降雨强度大、蓄涝面积小、"客水"多、排涝能力不足等。长江中下游汛期暴雨集中、覆盖面广、强度大、持续时间长,同时江河水位上涨,平原圩区大量积水受江河洪水的顶托而不能自流外排,只能依靠圩内河网、湖泊调蓄和泵站提排;加之汛期有大量"客水"汇入圩区,而内湖的围垦致使蓄涝水面日渐减少,调蓄能力降低,平原圩区常因超过其蓄排能力,排涝不及时而致涝成灾。

对洞庭湖流域涝灾频发、涝灾影响人口多、经济损失大、影响国家粮食安全、治理需求迫切的重点易涝区进行系统治理,加强洞庭湖区排涝能力薄弱环节建设,采取排涝闸泵更新改造和新建、撇洪排涝河道整治、内湖溃堤加固等措施,完善洞庭湖区"撇洪、闸排、滞涝、电排"相结合的治涝工程体系,进一步提升涝区排涝能力,降低内涝风险和损失。

参考文献

［1］湖南省水利志编纂委员会.湖南省水利志［M］.长沙：湖南省水利志编纂办公室,1985.

［2］湖南省水利厅.湖南水旱灾害上册［M］.长沙：湖南水旱灾害编辑部,1997.

［3］湖南省水利厅.湖南水旱灾害下册［M］.长沙：湖南水旱灾害编辑部,1995.

［4］湖南省水文水资源勘测局.湖南省水文志［M］.北京：中国水利水电出版社,2006.

［5］张平仓,赵健,胡维忠,等.中国山洪灾害防治区划［M］.武汉：长江出版社,2009.

［6］洞庭湖志编纂委员会.洞庭湖志上册［M］.长沙：湖南人民出版社,2013.

［7］洞庭湖志编纂委员会.洞庭湖志下册［M］.长沙：湖南人民出版社,2013.

［8］李超越.洞庭湖的演变、开发和治理简史［M］.长沙：湖南大学出版社,2014.

［9］汤喜春,卢晓明.湖南省水旱灾害成因及对策分析［J］.中国防汛抗旱,2004（3）：12-16.

［10］湖南省防汛抗旱指挥部办公室.1994—2003年湖南省水旱灾情汇编［R］.长沙：湖南省防汛抗旱指挥部办公室,2003.

［11］湖南省防汛抗旱指挥部办公室.2003年防汛抗旱大事记［R］.长沙：湖南省防汛抗旱指挥部办公室,2003.

［12］湖南省防汛抗旱指挥部办公室.湖南省2005年洪涝灾情综述［R］.长沙：湖南省防汛抗旱指挥部办公室,2005.

［13］湖南省防汛抗旱指挥部办公室.湖南省2006年防汛抗旱工作总结［R］.长沙：湖南省防汛抗旱指挥部办公室,2006.

［14］湖南省防汛抗旱指挥部办公室.湖南省2007年防汛抗旱工作总结汇编［R］.长沙：湖南省防汛抗旱指挥部办公室,2007.

［15］湖南省防汛抗旱指挥部办公室.湖南省2010年洪涝灾情综述总结［R］.长沙：湖南省防汛抗旱指挥部办公室,2010.

［16］湖南省防汛抗旱指挥部办公室.2013年省防指、省防办工作大事记［R］.长沙：湖南省防汛抗旱指挥部办公室,2013.

［17］湖南省防汛抗旱指挥部.湖南省防汛抗旱总结2016年［R］.长沙：湖南省防汛抗旱指挥部办公室,2016.

［18］湖南省防汛抗旱指挥部.湖南省防汛抗旱总结 2017 年［R］.长沙：湖南省防汛抗旱指挥部办公室，2017.

［19］中国水利水电科学研究院，等.湖南省防汛抗旱工作实务［M］.武汉：长江出版社，2017.

［20］中国水利水电科学研究院.湖南省水旱灾害年表［R］.北京：中国水利水电科学研究院，2017.

［21］湖南省水利厅.2001 年湖南省水资源公报［R］.长沙：湖南省水利厅，2002.

［22］湖南省水利厅.2002 年湖南省水资源公报［R］.长沙：湖南省水利厅，2003.

［23］湖南省水利厅.2003 年湖南省水资源公报［R］.长沙：湖南省水利厅，2004.

［24］湖南省水利厅.2004 年湖南省水资源公报［R］.长沙：湖南省水利厅，2005.

［25］湖南省水利厅.2005 年湖南省水资源公报［R］.长沙：湖南省水利厅，2006.

［26］湖南省水利厅.2006 年湖南省水资源公报［R］.长沙：湖南省水利厅，2007.

［27］湖南省水利厅.2007 年湖南省水资源公报［R］.长沙：湖南省水利厅，2008.

［28］湖南省水利厅.2008 年湖南省水资源公报［R］.长沙：湖南省水利厅，2009.

［29］湖南省水利厅.2009 年湖南省水资源公报［R］.长沙：湖南省水利厅，2010.

［30］湖南省水利厅.2010 年湖南省水资源公报［R］.长沙：湖南省水利厅，2011.

［31］湖南省水利厅.2011 年湖南省水资源公报［R］.长沙：湖南省水利厅，2012.

［32］湖南省水利厅.2012 年湖南省水资源公报［R］.长沙：湖南省水利厅，2013.

［33］湖南省水利厅.2013 年湖南省水资源公报［R］.长沙：湖南省水利厅，2014.

［34］湖南省水利厅.2014 年湖南省水资源公报［R］.长沙：湖南省水利厅，2015.

［35］湖南省水利厅.2015 年湖南省水资源公报［R］.长沙：湖南省水利厅，2016.

［36］湖南省水利厅.2016 年湖南省水资源公报［R］.长沙：湖南省水利厅，2017.

［37］湖南省水利厅.2017 年湖南省水资源公报［R］.长沙：湖南省水利厅，2018.

［38］湖南省水利厅.2018 年湖南省水资源公报［R］.长沙：湖南省水利厅，2019.

［39］湖南省水利厅.2019 年湖南省水资源公报［R］.长沙：湖南省水利厅，2020.

［40］湖南省水利厅.2020 年湖南省水资源公报［R］.长沙：湖南省水利厅，2021.

［41］湖南省统计局.2015 年湖南省国民经济和社会发展统计公报［R］.长沙：湖南省统计局，2015.

［42］湖南省统计局.2016 年湖南省国民经济和社会发展统计公报［R］.长沙：湖南省统计局，2016.

［43］湖南省统计局.2017 年湖南省国民经济和社会发展统计公报［R］.长沙：湖南省统计局，2017.

［44］湖南省统计局.2018 年湖南省国民经济和社会发展统计公报［R］.长沙：湖南省统计局，2018.

［45］湖南省统计局.2019 年湖南省国民经济和社会发展统计公报［R］.长沙：湖南省统

计局,2019.

[46] 湖南省统计局.2020 年湖南省国民经济和社会发展统计公报[R].长沙:湖南省统计局,2020.

[47] 湖南省水利厅.2019 年湖南省水旱灾害防御工作总结[R].长沙:湖南省水利厅,2019.

[48] 湖南省气候中心.湖南气候变化监测公报[R].长沙:湖南省气候中心,2019.

[49] 湖南省水利厅.湖南省 2020 年水旱灾害防御工作总结[R].长沙:湖南省水利厅,2020.

[50] 湖南省水利厅.湖南省 2022 年水旱灾害防御工作总结[R].长沙:湖南省水利厅,2023.

[51] 湖南水利水电科学研究院,等.湖南省四水及防汛抗旱态势基础研究[M].长沙:湖南水利水电科学研究院,2022.

[52] 湖南省水利厅.2020 年湖南省水利发展统计公报[R].长沙:湖南省水利厅,2020.

[53] 水利部长江水利委员会.洞庭湖区综合规划[R].武汉:水利部长江水利委员会,2017.

[54] 湖南省水利厅.湖南省"十四五"水安全保障规划思路报告[R].长沙:湖南省水利厅,2020.

[55] 湖南省洞庭湖水利事务中心.洞庭湖水利简介[R].长沙:湖南省洞庭湖水利事务中心,2020.

[56] 湖南省洞庭湖水利事务中心.洞庭湖区水利工作手册[R].长沙:湖南省洞庭湖水利事务中心,2021.

[57] 袁华斌.湖南省 21 世纪初洪涝灾害的特点及其成因分析[J].南方农业,2018,12(12):161-162.

[58] 仇建新,刘燕龙.2020 年湖南省水旱灾害防御工作回顾与思考[J].人民长江,2020,51(12):44-47.

图书在版编目（CIP）数据

湖南省水旱灾害 / 魏永强等著．
—武汉 ： 长江出版社，2023.9
ISBN 978-7-5492-9124-3

Ⅰ．①湖… Ⅱ．①魏… Ⅲ．①水灾－灾害防治－湖南
②旱灾－灾害防治－湖南 Ⅳ．① P426.616

中国国家版本馆 CIP 数据核字 (2023) 第 168957 号

湖南省水旱灾害

HUNANSHENGSHUIHANZAIHAI

魏永强等 著

责任编辑： 郭利娜 张晓璐
装帧设计： 蔡丹
出版发行： 长江出版社
地   址： 武汉市江岸区解放大道 1863 号
邮   编： 430010
网   址： https://www.cjpress.cn
电   话： 027-82926557（总编室）
            027-82926806（市场营销部）
经   销： 各地新华书店
印   刷： 武汉新鸿业印务有限公司
规   格： 787mm×1092mm
开   本： 16
印   张： 11.25
彩   页： 8
拉   页： 1
字   数： 270 千字
版   次： 2023 年 9 月第 1 版
印   次： 2023 年 9 月第 1 次
书   号： ISBN 978-7-5492-9124-3
定   价： 78.00 元